Bruno Hespeler

Wildschäden & Schäden durch Wildtiere

stv

Bruno Hespeler

Wildschäden & Schäden durch Wildtiere

Leopold Stocker Verlag
Graz – Stuttgart

Umschlaggestaltung:
DSR Werbeagentur Rypka GmbH, 8143 Dobl/Graz, www.rypka.at
Titelbilder: Großes Foto: Irmtraud Weishaupt-Orthofer
Bildleiste (oben nach unten): iStock.com/Ralf Geithe, iStock.com/stanley45, iStock.com/ TT, iStock.com/Thorsten Spoerlein, iStock.com/photomaru.

Bildnachweis: siehe Seite 189

Bibliografische Information der Deutschen Nationalbibliothek
Die Deutsche Nationalbibliothek verzeichnet diese Publikation in der Deutschen Nationalbibliografie; detaillierte bibliografische Daten sind im Internet unter http://dnb.d-nb.de abrufbar.

Hinweis: Dieses Buch wurde auf chlorfrei gebleichtem Papier gedruckt. Die zum Schutz vor Verschmutzung verwendete Einschweißfolie ist aus Polyethylen chlor- und schwefelfrei hergestellt. Diese umweltfreundliche Folie verhält sich grundwasserneutral, ist voll recyclingfähig und verbrennt in Müllverbrennungsanlagen völlig ungiftig.

Auf Wunsch senden wir Ihnen gerne kostenlos unser Verlagsverzeichnis zu:
Leopold Stocker Verlag GmbH
Hofgasse 5/Postfach 438
A-8011 Graz
Tel.: +43 (0)316/82 16 36
Fax: +43 (0)316/83 56 12
E-Mail: stocker-verlag@stocker-verlag.com
www.stocker-verlag.com

ISBN 978-3-7020-1814-6

Layout und Repro: DSR Werbeagentur Rypka GmbH, 8143 Dobl/Graz
Druck: Finidr, s.r.o., Český Těšín

INHALT

EINLEITUNG

Verbiss- und Schälschäden im Wald, Fraß- und Nageschäden an landwirtschaftlichen Kulturen, Umbruchschäden im Grünland, Schäden an Sonderkulturen, an Haustieren und Weidevieh usw. sind für Land- und Forstwirte nicht nur ärgerlich, sondern können auch eine enorme finanzielle Belastung darstellen. Werden diese Schäden von jagdbaren Wildtieren verursacht, ist eventuell die Jägerschaft ersatzpflichtig. Doch Vorsicht, es gibt auch jagdbare Wildarten, deren Schäden in manchen Bundesländern nicht ersetzt werden müssen. Manche wildlebende Tierarten unterstehen nicht dem Jagd,- sondern dem Naturschutzrecht; auch die von ihnen angerichteten Schäden muss der Jäger nicht ersetzen. Damit die Verwirrung komplett ist, sei noch daran erinnert, dass die Schäden von Rückwanderern wie Bär, Wolf und Luchs – unabhängig davon, ob sie in einem Bundesland jagdbar sind oder nicht – aus Fonds oder über Versicherungen ganz oder teilweise ersetzt werden.

Neben der ausführlichen Beschreibung aller möglichen Schäden, wie man herausfindet, wer der Verursacher ist und ob und von wem der Schaden ersetzt wird, sind darüber hinaus Prävention, Schadensminderung und Klarheit wichtige Anliegen dieses Buches. Deshalb wird an Grundeigentümer wie Jäger appelliert, nicht nur entstandene Schäden zur Kenntnis zu nehmen, sondern möglichst früh zu erkennen, wo ein Konflikt entstehen kann. Insofern ist es nur logisch, dass auch jene Schäden oder „Spuren" besprochen werden, die der Jäger im Moment noch nicht begleichen muss. Auch deshalb will das Buch dem Grundeigentümer Hilfestellung geben.

In den letzten Jahren gewann das Thema Wildschäden an Bedeutung, weil einzelne Wildarten an Bedeutung gewannen. So hat das Schwarzwild, die im Feld schadenträchtigste Art, seinen Lebensraum gewaltig ausgedehnt und kommt heute selbst inneralpin vor. Es wanderten aber auch Arten zurück, die über lange Zeiträume als ausgestorben galten. Das trifft auf Bär, Wolf und Luchs zu, aber auch auf Biber und Fischotter. Überdies kamen vor wenigen Jahrzehnten in Mitteleuropa noch fehlende oder nur sporadisch vorkommende Arten wie Waschbär, Marderhund, Mink, Goldschakal und Nutria zu uns.

Auch die Landwirtschaft hat sich stark verändert. Teils riesige Maisflächen fördern die Schwarzwildvermehrung und erschweren gleichzeitig dessen Bejagung. Das führte dazu, dass der Ersatz von Schwarzwildschäden gebietsweise eingeschränkt oder an Auflagen geknüpft wurde.

Kulturpflanzen, die früher als Gartenfrüchte oder Handelsgewächse galten, etwa Kürbisse, werden heute in großem Stil feldmäßig angebaut. Für Schäden an Garten- und Handelsgewächsen gibt es bis heute nur dann eine Ersatzpflicht, wenn sie in örtlich üblicher Art geschützt werden. Doch diese klare Regelung hat längst zu bröckeln begonnen, dafür sorgten die Gerichte. Das in freier Landschaft liegende kleine Feld mit Gemüse galt eben – ob mit oder ohne Zaun – als Garten. Inzwischen wurden aus kleinen Krautgärten oft riesige Felder mit allen Attributen einer industriellen Landwirtschaft. Die Gerichte folgen immer häufiger der Logik und erkennen für derartige Kulturen eine Ersatzpflicht für Wildschäden. Arten, die traditionell dem Naturschutz unterstanden, wurden ins Jagdrecht übergeführt, was zu jagdrechtlichen Änderungen führen kann. Wir dürfen also davon ausgehen, dass in den nächsten Jahren – zumindest regional – noch Bewegung in das Thema kommen wird.

An dieser Stelle sei die Anmerkung gestattet, dass in Deutschland heute bereits einzelne Reviere keine Jagdpächter mehr finden, weil die Schwarzwildschäden unbezahlbar wurden. Österreich könnte folgen.

Dieses Buch soll sowohl Grundeigentümern als auch Jägern einen Leitfaden über Rechte und Pflichten zur Verfügung stellen, aber auch Anregungen für die Schadensvermeidung und einen verantwortungsbewussten, konfliktfreien Umgang mit der Thematik vermitteln.

Bruno Hespeler
Nötsch, Sommer 2019

RECHTSGRUNDLAGEN

WAS SIND WILDSCHÄDEN?

Für den Nichtjäger ist der Begriff Wildschaden manchmal etwas verwirrend. Im rechtlichen Sinne handelt es sich hierbei um einen Schaden, den jagdbare Tiere verursacht haben.

Welches Tier wo als jagdbar gilt, ist durch die Landesjagdgesetze festgelegt. Allerdings müssen nicht die Schäden aller jagdbaren Tierarten ersetzt werden, und es müssen auch nicht Schäden an allen Kulturpflanzen ersetzt werden. Hier machen sowohl die deutschen als auch die österreichischen Bundesländer teils erhebliche Unterschiede.

Ist eine Tierart jagdbar (jagdbares Wild), bedeutet das nicht automatisch, dass diese Tierart auch gejagt werden darf; sie kann eine ganzjährige Schonzeit genießen. Meist bedeutet eine ganzjährige Schonzeit, dass die von einer derart geschützten Wildart verursachten Schäden nicht ersetzt werden müssen, weil der Jäger die Zahl dieser Tiere nicht regulieren darf.

Tiere, die nach dem jeweiligen Landesjagdgesetz nicht jagdbar sind, können rechtlich gesehen keine Wildschäden verursachen. Hier handelt es sich um Schäden durch „wildlebende Tiere".

Wessen Schäden müssen von Jägern ersetzt werden?

Zu ersetzen sind grundsätzlich also jene Schäden, die von Wild, das gejagt werden darf, verursacht wurden. Darunter fallen überall die von Schalenwild verursachten Schäden, und zwar in der Forst- wie in der Landwirtschaft.

In **Deutschland** fallen zudem die von Kaninchen verursachten Schäden unter die Ersatzpflicht, nicht jedoch jene der Hasen. In Österreich sind Hasenschäden hingegen in allen Bundesländern zu ersetzen. Eine Einschränkung macht hier Vorarlberg. Dort müssen nur die von Hasen in der Landwirtschaft verursachten Schäden ersetzt werden, nicht jedoch jene im Wald.

Teilweise gilt in **Österreich** die Ersatzpflicht für Schäden aller jagdbaren Tiere, ausgenommen in Salzburg solche von Beutegreifern und generell solche von Arten, die ganzjährig geschont sind.

In **Deutschland,** wo über den Landesjagdgesetzen noch ein Bundesjagdgesetz steht, sieht dieses zwar eine Ersatzpflicht für Schäden vor, welche von Schalenwild, Wildkaninchen oder Fasan verursacht werden, doch haben inzwischen die Bundesländer Baden-Württemberg, Brandenburg,

Bremen, Niedersachsen, Nordrhein-Westfalen, Sachsen, Sachsen-Anhalt, Schleswig-Holstein und Thüringen die Ersatzpflicht für von Fasanen verursachte Schäden gestrichen. Das hängt wohl auch damit zusammen, dass in Deutschland nicht in dem Maße „Industriefasane" ausgesetzt werden wie in Österreich und die natürlichen Fasanenbesätze fast überall so stark zurückgingen, dass Schäden nicht mehr relevant sind. Nur die Bundesländer Bayern, Berlin, Hamburg, Hessen, Mecklenburg-Vorpommern, Rheinland-Pfalz und das Saarland folgen der Bundesregelung.

Das Thema Wildschaden ist also in Bewegung geraten. Tabelle 1 zeigt, Schäden welcher Wildarten in Österreich ersatzpflichtig sind.

Tabelle 1

In welchem Bundesland müssen Schäden welcher Wildarten bezahlt werden?

Bundesland	Schäden
Burgenland	Schäden von Schalenwild, Wildkaninchen und Fasan
Kärnten	Schäden von jagdbarem Wild, sofern keine ganzjährige Schonzeit
Niederösterreich	Schäden durch Schalenwild und Wildkaninchen
Oberösterreich	Schäden von jagdbaren Tieren an Grund und Boden
Salzburg	Schäden von Wild, ausgenommen Beutegreifern
Steiermark	Schäden von Wild, sofern keine ganzjährige Schonzeit
Tirol	Schäden aller Wildarten, ausgenommen Arten ohne Jagdzeit
Vorarlberg	Schäden von Schalenwild (Wald und Feld), Hase und Dachs (nur im Feld)
Wien	Schäden von Schalenwild, Feldhasen, Wildkaninchen, Dachse, Fasane und Wildtruthühner

Schaden muss nicht Schaden sein

Wenn Rotwild etliche Fichten schält oder der Hase einige Kohlköpfe benagt, dann mag das ärgerlich sein, aber wir wollen das nicht gleich als Wildschaden bezeichnen. Auch wenn der Dachs in einer Weide, auf der Suche nach Würmern, Schnecken und Larven, die Kuhfladen umdreht und nebenbei in der Weide „sticht", sprechen wir nicht von Wildschaden.

Wenn nun in einer hageldichten Laubholz-Naturverjüngung vielleicht 10 % der Pflanzen verbissen sind, dann mag man das Wildschaden nennen und dieser wird auch ersatzpflichtig sein. Dennoch ist denkbar, dass der Waldbesitzer diesen „Rückschnitt" nicht einmal ungern sieht. Handelt es sich jedoch um eine gepflanzte Laubholzkultur, stellen 10 % Verbiss schon einen beachtlichen Schaden dar, denn er wird sich höchstwahrscheinlich mehrfach wiederholen. Werden drei Jahre hintereinander nur 10 % verbissen, ist das fast ein Drittel aller Pflanzen!

Wie aber schaut es aus, wenn der Waldbesitzer gar keinen Wert auf Laubholz legt? Nun, das ändert nichts an der Tatsache, dass durch den Verbiss Pflanzen geschä-

Hier hat der Dachs den Boden umgedreht; „Wildschaden“ wollen wir das nicht nennen. Der Dachs war hier auch nicht „nützlich“, weil er vielleicht Engerlinge oder Drahtwürmer vertilgt hat, denn er nahm ja vermutlich auch Regenwürmer auf, die für den Boden wichtig sind.

Hier hat der Waldbesitzer das Laubholz selbst „verbissen“ ... Schaden durch Wildtiere oder Wildschaden?

digt wurden; es entstand – rein rechtlich gesehen – Wildschaden! Einen Anspruch auf Schadenersatz hat der Waldbesitzer – ungeachtet seiner persönlichen Einstellung – zweifelsfrei.

Rehe können also objektiv und in rechtlichem Sinne einen Schaden anrichten, der aber vom Geschädigten nicht so empfunden wird. Immerhin gibt es große wie kleine Waldbesitzer, die weder auf Naturverjüngung noch auf Tanne oder Edellaubholz Wert legen. Gar nicht so selten erleben wir, dass Edellaubholz in Jungbeständen systematisch beseitigt wird.

Schaden durch Wildtiere oder Wildschaden?

Längst nicht alle von Wildtieren verursachten Schäden gelten im rechtlichen Sinne als Wildschäden. Solche entstehen bei landwirtschaftlichen Bodenerzeugnissen auch im abgeernteten, noch nicht eingelagerten Zustand. Beispiel: An den gerodeten und noch auf dem Feld liegenden Rüben kann Wildschaden entstehen. Werden sie auf dem Acker eingemietet, gelten sie als eingelagert. Wird die Miete vom Wild jetzt geöffnet und die Rüben angefressen, liegt zwar für den Eigentümer ein Schaden vor, aber kein ersatzpflichtiger Wildschaden! Wird die Miete von einem Menschen unbefugt geöffnet, weil er sich Rüben für seine Kaninchen holen wollte, und wird das Loch in der Folge von Wildschweinen erweitert und eine größere Zahl Rüben von ihnen gefressen, entsteht auch kein Wildschaden. Vielmehr liegen ein Diebstahl und eine Sachbeschädigung durch den Dieb vor. Der Jäger muss die vom Schwarzwild gefressenen Rüben nicht ersetzen.

Schäden, die durch Wildtiere an technischen Dingen, z. B. an Zäunen, Dämmen oder Baulichkeiten entstehen, sind grundsätzlich nicht ersatzpflichtig und gelten nicht als Wildschäden. Das gilt beispielsweise für den Kulturzaun im Wald, der vom Schwarzwild angehoben wird. Die Kosten für seine Instandsetzung muss der Jagdausübungsberechtigte nicht übernehmen. Wechselt in der Folge, weil der Zaun nicht umgehend repariert wurde, Rot- oder Rehwild ein und verbeißt, fegt oder schält Forstpflanzen, wird der Schaden am Zaun nicht mit eingerechnet. Der Verbiss an den Forstpflanzen ist zu ersetzen, wenn der Gesetzgeber keine Schutzmaßnahmen vorsieht; das wird bei allen standortüblichen Hauptbaumarten der Fall sein.

Wie aber schaut es aus, wenn es sich um fremde Baumarten handelt? Hier entsteht nur dann ein ersatzpflichtiger Wildschaden, wenn der Geschädigte für die erforderlichen Schutzmaßnahmen (z. B. einen Zaun) gesorgt hat. Was gilt, wenn die Baumarten in Mitteleuropa zwar grundsätzlich heimisch (autochthon) sind, diese aber am Standort nicht als Hauptbaumarten gelten? Hier müssen wir das jeweilige Landesjagdgesetz (LJG) und/oder den Jagdpachtvertrag beachten. Möglicherweise machen auch hier LJG oder Jagdpachtvertrag Schutzmaßnahmen zur Voraussetzung für den Ersatz des Schadens. Das wäre beispielsweise der vom Schwarzwild beschädigte Zaun. Die Tatsache, dass der Zaun vom Schwarzwild beschädigt wurde und nur dadurch Wiederkäuer eindringen und verbeißen konnten, begründet keine Ersatzpflicht. Der Grundbesitzer oder der Nutzer eines Grundstückes ist zwar für die Kontrolle und Instandhaltung des Zauns zuständig, aber die Kontrolle ist nur in angemessenen Abständen oder nach besonderen Ereignissen erforderlich. Die Sache wird dann kompliziert, wenn der Jagdausübungsberechtigte im Pachtvertrag freiwillig die Errichtung, Kontrolle und Unterhaltung des Zaunes übernommen hat.

Eine technische Einrichtung, an der Schäden durch Wildtiere entstehen können, ist beispielsweise das Auto. Die vom Marder verbissenen Bremsschläuche sind selbst dann nicht zu ersetzen, wenn das Landesjagdgesetz den Ersatz von durch Marder verursachten Schäden vorsieht und das Auto an einer Örtlichkeit stand, an der die Jagd nicht ruht. Auch das Reh, das mit unserem Auto kollidiert, verursacht keinen Wildschaden. Das ramponierte Auto oder die Arztkosten für eine verletzte Person gelten nicht als Wildschaden.

Durch Wildtiere können auch Landmaschinen oder gar Gebäude beschädigt werden. Hier ist an den Traktor zu denken, der in einen von Nutria, Biber oder auch Dachs gegrabenen Bau einbricht. Dachse oder Murmeltiere untergraben mitunter Baulichkeiten wie Feldscheunen oder Almhütten, die dabei einseitig absinken und beschädigt werden. Auch hier haben Wildtiere Schäden verursacht, die Rechtslage ist allerdings in Deutschland und Österreich unterschiedlich. Vergleichen wir hierzu das deutsche Bundesjagdgesetz (BJG) mit dem Landesjagdgesetz (LJG) Kärnten:

BJG § 29

Wird ein Grundstück, das zu einem gemeinschaftlichen Jagdbezirk gehört oder einem gemeinschaftlichen Jagdbezirk angegliedert ist (§ 5 Abs. 1), durch Schalenwild, Wildkaninchen oder Fasanen beschädigt, so hat die Jagdgenossenschaft dem Geschädigten den Wildschaden zu ersetzen. Der aus der Genossenschaftskasse geleistete Ersatz ist von den einzelnen Jagdgenossen nach dem Verhältnis des Flächeninhalts ihrer beteiligten Grundstücke zu tragen.

Kärnten LJG § 74

> Die Schadenersatzpflicht umfasst nach Maßgabe der §§ 75 und 76 den innerhalb des Jagdgebietes vom Wild, ausgenommen ganzjährig geschonte Wildarten, an Grund und Boden und dessen noch nicht eingebrachten Erzeugnissen sowie an Haustieren, Nutztieren und Fischen verursachten Schaden ...

Angenommen, in Bayern haben Murmeltiere oder Dachse ihre Baue unter dem Fundament eines Almstadels gegraben und dieser senkt sich ab. Dann ist zwar eventuell ein ganz erheblicher Schaden entstanden, aber kein ersatzpflichtiger Wildschaden. Warum? Weil Murmeltiere schon länger als ein halbes Jahrhundert ganzjährige Schonzeit genießen und weil sowohl die von ihnen als auch die von Dachsen angerichteten Schäden nicht ersetzt werden müssen. In Kärnten hingegen ist erstens jeder Schaden an Grund und Boden zu ersetzen, was die darauf befindliche Baulichkeit einschließt, zweitens haben beide Wildarten eine Jagdzeit und drittens sind die von ihnen verursachten Schäden ersatzpflichtig.

Zu denken ist auch an Überflutungen von Ackerflächen als Folge von Dammbauten des Bibers. Die Fläche fällt für den Anbau oder das Wachstum einer landwirtschaftlichen Kultur zunächst aus. Auch die Unterhöhlung eines Dammes ist denkbar, in deren Folge ein Traktor einbricht und schwer beschädigt wird. Muss der Jäger bezahlen? Nein, denn der Biber untersteht – da kein jagdbares Wild – dem Naturschutzrecht, somit kann er grundsätzlich keinen Wildschaden anrichten. Allerdings sind mittelfristig in einzelnen Bundesländern diesbezügliche Änderungen wahrscheinlich. Auch die vom Biber angelegten Dämme darf der Jäger nicht beschädigen oder gar zerstören.

ERSATZPFLICHT BEI WILDSCHÄDEN

Wer muss bezahlen?

Die Regelungen in den deutschen und österreichischen Bundesländern sind teilweise sehr unterschiedlich. Das betrifft sowohl die geschädigten Kulturen als auch die Tierarten, deren Schäden ersetzt werden müssen, und letztlich denjenigen, der den Schaden tragen muss.

In Deutschland haben grundsätzlich die Jagdgenossenschaften (Zwangsgenossenschaften der Grundeigentümer) ihren Mitgliedern die Schäden zu ersetzen. In der Regel wälzen die Genossenschaften den Schaden jedoch via Jagdpachtvertrag auf die Jagdpächter ab. Ist der Jagdpächter zahlungsunfähig, muss die Jagdgenossenschaft einspringen.

BJG § 29 Schadensersatzpflicht

> Hat der Jagdpächter den Ersatz des Wildschadens ganz oder teilweise übernommen, so trifft die Ersatzpflicht den Jagdpächter. Die Ersatzpflicht der Jagdgenossenschaft bleibt bestehen, soweit der Geschädigte Ersatz von dem Pächter nicht erlangen kann.

In Österreich, wo an Stelle der in Deutschland üblichen Gemeinschaftlichen Jagdbezirke teilweise die Gemeindejagden treten, haften grundsätzlich deren Pächter.

Tabelle 2

Voraussetzung für den Ersatz von Wildschäden: Besondere Bestimmungen zum Schutze von Baum- und Rebschulen sowie Obstgärten in Österreich

Bundesland	Schutzmaßnahmen
Burgenland LJG § 109	Baum- und Rebschulen sowie Intensivobstanlagen sind durch eine hasendichte, mindestens 200 cm hohe Einfriedung zu schützen. Bei einem bedrohlichen Anhäufen der Schneelage ist die oder der Jagdausübungsberechtigte oder das Jagdschutzorgan binnen drei Tagen auf diese Situation aufmerksam zu machen.
Kärnten LJG §§ 71–79	Bei Baumschulen und Niederpflanzungen besteht ein Anspruch auf Schadenersatz nur dann, wenn die Anlagen durch eine mindestens 1,50 m hohe Einfriedung entsprechend geschützt sind.
Niederösterreich LJG § 105	Als solche Vorkehrungen sind entweder das Einfrieden des Grundstückes oder das Umkleiden der Stämme mit Baumkörben, Stroh, Schilf u. dgl., bei Baumformen jedoch, bei denen auch das Astwerk durch Wild gefährdet ist, die Umfriedung des ganzen Baumes anzusehen. Der Besitzer ist zum Ausschaufeln der Einfriedung und Baumumkleidungen bei hohem Schnee nicht verpflichtet; stellt er bedrohliches Anhäufen der Schneelage fest, so hat er den Jagdausübungsberechtigten oder seinen Jagdaufseher rechtzeitig darauf aufmerksam zu machen.
Oberösterreich LJG § 67	Als solche Vorkehrung kann bei Baumschulen gegen Hasenverbiss eine 1,30 m hohe hasendichte Einfriedung angesehen werden. Der Besitzer einer so hoch eingefriedeten Baumschule ist bei bedrohlichem Anhäufen der Schneelage verpflichtet, darauf den Jagdausübungsberechtigten rechtzeitig aufmerksam zu machen.

Salzburg LJG § 92	Als solche Vorkehrung sind hinsichtlich junger Bäume jedenfalls die Einfriedung des Grundstückes sowie die bis zu einer Höhe von 150 cm reichende Umkleidung der Stämme durch Stroh oder geeignete Baumkörbe u. dgl. anzusehen, die geeignet sind, das Wild vom Grundstück oder von einzelnen Pflanzen fernzuhalten.
Steiermark LJG § 62	Wildschäden in Obst-, Gemüse- und Ziergärten oder an einzelnstehenden jungen Bäumen sind nur dann zu ersetzen, wenn dargetan ist, dass der Schaden erfolgte, obgleich zum Schutze der geschädigten Objekte solche Vorkehrungen vom Grundbesitzer getroffen waren, wodurch ein ordentlicher Landwirt derlei Gegenstände landesüblich zu schützen pflegt. Als solche Vorkehrungen sind hinsichtlich der Bäume das Einbinden der Stämme mit Stroh bis zur Höhe von 120 cm sowie das Umkleiden der Stämme bis zur gleichen Höhe mit Baumkörben zu verstehen. Die Baumkörbe müssen so angebracht werden, dass das Wild nicht an den Stamm gelangen kann. Bei Baumschulen und Buschobst besteht ein Anspruch auf Ersatz des Wildschadens nur dann, wenn die Anlagen durch eine mindestens 1 m hohe hasendichte Einfriedung geschützt sind. Der Grundbesitzer ist zum Ausschaufeln der Einfriedungen und Baumumkleidungen bei hohem Schnee nicht verpflichtet. Für Einfriedungen, welche nach dem Inkrafttreten dieses Gesetzes errichtet werden, ist ein Zaungeflecht mit einer Breite von 1,50 m zu verwenden.
Wien LJG § 99	Als Vorkehrungen … sind sowohl das Einfrieden des Grundstückes mit einem hasensicheren, mindestens 80 cm hohen Zaun bei einjährigen, einem mindestens 120 cm hohen Zaun bei mehrjährigen Pflanzen als auch das Umkleiden der Bäume mit Baumkörben, Stroh, Schilf und dergleichen oder bei Baumformen, bei denen auch das Astwerk durch das Wild gefährdet ist, die Umfriedung des ganzen Baumes in der vorstehend genannten Mindesthöhe anzusehen. Eine Verpflichtung zum Ausschaufeln der Einfriedungen und Baumumkleidungen bei hoher Schneelage besteht nicht, doch hat der Bewirtschafter des Grundstückes den Jagdausübungsberechtigten oder seinen Jagdaufseher bei bedrohlichem Anwachsen der Schneehöhe auf diesen Umstand rechtzeitig aufmerksam zu machen.

Entsteht auf Flächen, die einem Eigenjagdbezirk angegliedert sind, Wildschaden, haftet, wenn er die Jagd selbst ausübt, der Eigenjagdbesitzer. Diese Regelung ist in Deutschland und Österreich übereinstimmend. Hat er die Jagd verpachtet, regelt der Pachtvertrag die Ersatzpflicht der Wildschäden. Diese kann sowohl dem Eigenjagdbesitzer als auch dem Jagdpächter zufallen. Auch eine anteilige Übernahme ist denkbar. Es besteht Vertragsfreiheit.

Eine Besonderheit gibt es im deutschen Bundesland Mecklenburg-Vorpommern.

Mecklenburg-Vorpommern LJG § 5

In jedem Landkreis und jeder kreisfreien Stadt wird eine Wildschadensausgleichskasse (Kasse) als Körperschaft des öffentlichen Rechts errichtet. Mitglieder der Kasse sind die Jagdgenossenschaften, die Eigentümer eines Eigenjagdbezirkes (Eigenjagdbesitzer), die Pächter eines Jagdbezirkes und die Landwirte, die eine Nutzfläche von mindestens 75 Hektar bewirtschaften. ...
Die Kasse hat die Aufgabe, Wildschäden zu verhindern und von Rot-, Dam- und Schwarzwild verursachte Wildschäden auszugleichen.

Befriedete Bezirke und Ruhen der Jagd

Ob Wildschaden ersetzt werden muss, hängt auch davon ab, wo er entsteht. Es gibt eine ganze Reihe von Flächen, die als „befriedet" gelten (Deutschland) oder auf denen die Jagd ruht (Österreich). Die auf ihnen entstehenden Schäden sind entweder überhaupt nicht ersatzpflichtig oder nur dann, wenn für diese Flächen Schutzmaßnahmen getroffen wurden.

Dazu gehören Örtlichkeiten, die primär dem Aufenthalt von Menschen dienen wie Gebäude, Haus- und Hofräume, Hausgärten, aber auch Friedhöfe. Welche Grundstücke im einzelnen Bundesland konkret befriedet sind bzw. auf welchen Grundstücken die Jagd ruht, sagen die Landesjagdgesetze. Ihre Jagdbehörden können weitere Flächen für befriedet erklären oder die Jagd ruhen lassen (siehe Anhang, Seite 166).

Ausgenommen von der Ersatzpflicht sind – sofern keine ortsüblichen Schutzmaßnahmen getroffen wurden – ferner mehrheitlich Obstanlagen, Gemüse- und Zierpflanzenanbauten, Weingärten, Baumschulen, Christbaumkulturen und hochwertige Handelsgewächse wie beispielsweise Tabak, ebenso einzelnstehende Bäume (außerhalb des Waldes), teilweise nicht heimische Waldbaumarten und Alleebäume. Auch hier bestehen aber zwischen den österreichischen Bundesländern erhebliche Unterschiede.

Hier hat Schwarzwild in einem Berliner Villenviertel den Rasen umgebrochen. Es gibt keine Ersatzpflicht, da es sich um einen befriedeten Bezirk handelt, in dem die Jagd ruht.

Allgemein ist davon auszugehen, dass Schäden zu ersetzen sind an

- Grundstücken (z. B. vom Schwarzwild umgebrochene Wiese),
- noch nicht eingebrachten Früchten oder Erzeugnissen (z. B. Erntegut wie Siloballen, die zur Abfuhr bereitliegen),
- Haustieren (z. B. Hühner außerhalb eines befriedeten Bezirkes),
- Grund und Boden sowie
- land- und forstwirtschaftlichen Kulturen (z. B. Verbiss von Forstpflanzen oder Getreidefraß).

Grundeigentümer und Jäger müssen sich zwingend über die Rechtslage ihres Bundeslandes informieren!

Kein Wildschaden liegt vor, wenn Wild Unfälle verursacht, unabhängig davon, ob Sachen oder Menschen geschädigt werden. Das Reh, das mit einem Auto kollidiert, verursacht demnach keinen Wildschaden. Auch der Marder, der Zündkabel oder Bremsschläuche durchbeißt, richtet keinen Wildschaden an. Der Jäger muss weder die Kosten eines Wildunfalles tragen noch für die vom Marder verbissenen Kabel aufkommen.

Auch weit draußen im Feld liegende Gärten müssen ortsüblich gezäunt sein. Nur dann müssen die Jagdgenossenschaft oder der/die Jagdausübungsberechtigte(n) einen entstandenen Wildschaden ersetzen.

Ende der Ersatzpflicht

In der Regel endet die Ersatzpflicht mit dem Einbringen der Ernte. Hierzu ein Beispiel: Ein Landwirt mäht eine Wiese und macht Siloballen. Er kann die Ballen jedoch am selben Tag nicht mehr einfahren, weshalb sie auf der Wiese liegen bleiben. In der Nacht werden einige Ballen vom Schwarzwild geöffnet; es liegt Wildschaden vor. Lagert der Landwirt jedoch die Ballen am Waldrand, um sie erst im Laufe des Winters Stück für Stück auf seinen Hof zu holen, und werden Ballen dort vom Schwarzwild oder vom Dachs aufgerissen, ist das kein Wildschaden, denn die Ballen wurden ja am Waldrand eingelagert, mit der Absicht, sie bis zur Verwendung dort zu belassen.

Ein anderes Beispiel: Ein Landwirt erntet Kürbisse, lässt diese aber noch einige Tage auf dem Feld liegen, weil am Tag nach der Ernte heftige Regenfälle das Einbringen der Ernte verhindern. In dieser Zeit wird ein Teil der Kürbisse von Wildschweinen beschädigt. In diesem Fall handelt es sich um Wildschaden, ungeachtet dessen, ob er im jeweiligen Bundesland ersetzt werden muss oder nicht.

Schäden, die an den am Waldrand eingelagerten Siloballen entstehen, sind nicht ersatzpflichtig.

Ein letztes Beispiel: Rotwild richtet im Silomais Fraßschaden an. Das ist eindeutig Wildschaden. Wird der Mais jedoch gehäckselt und in einem im Feld liegenden Fahrsilo siliert, gilt er als eingelagert. Nutzt nun das Rotwild im Winter die im Fahrsilo eingelagerte Silage, weil der Silo nicht ordnungsgemäß gesichert wurde, ist das kein Wildschaden.

Mitwirkung des Grundnutzers

Der Landwirt ist grundsätzlich verpflichtet, sich an der Schadensprävention – soweit ihm zumutbar – zu beteiligen. Er hat auch Maßnahmen des Jägers, die der Vermeidung von Wildschaden dienen, – soweit ihm zumutbar – zu dulden. Der Jäger kann jedoch von einem Landwirt nicht verlangen, beispielsweise auf den Maisanbau am Waldrand zu verzichten. Dies, obwohl bekannt und unbestritten ist, dass die Nähe zum Waldrand die Gefahr von Wildschäden deutlich erhöht. Eine solche Forderung wäre unbillig.

Dulden muss der Landwirt in der Regel einen Elektrozaun und das Freihalten der Zauntrasse von Bewuchs, der den Strom ableiten könnte. Verweigert er den Elektrozaun und entstehen in der Folge Schäden, trifft ihn zumindest eine Mitschuld. Anders schaut es aus, wenn der Jäger dem Landwirt einen festen, dauerhaften Zaun aufzwingen will. Dieser würde die Bewirtschaftung der Felder eventuell behindern.

Eine Mitschuld trifft den Landwirt auch dann, wenn er vom Jäger gesetzte zumutbare Abwehrmaßnahmen unwirksam macht, etwa wenn er den Stromkreis unterbricht. Auch wenn er aus Nachlässigkeit oder gar Absicht (Bequemlichkeit) vorhandene Gatter nicht schließt, verliert er seinen

Anspruch auf Ersatz des Wildschadens zumindest teilweise. Anders jedoch, wenn ein E-Zaun durch Dritte außer Funktion gesetzt wird.

Auch chemische, optische oder akustische Maßnahmen darf der Landwirt nicht entfernen oder unwirksam machen. Da spielt es auch keine Rolle, dass beispielsweise chemische Maßnahmen (Verstänkerungsmittel) erfahrungsgemäß nur eine zeitlich begrenzte Wirkung haben.

Der Anspruch auf Wildschadenersatz erlischt ferner, wenn der Landwirt den Jagdausübungsberechtigten an einer aktiven Wildschadensverhütung hindert. Das wäre unter anderem dann der Fall, wenn er das Aufstellen einer jagdlichen Einrichtung, etwa einer Ansitzleiter oder eines Ansitzwagens, verhindert. Dadurch würde er dem Jagdausübungsberechtigten die Abwehr des Schadens verunmöglichen. Auch eine vorsätzliche Störung der Jagdausübung im Bereich schadensträchtiger Flächen kann die Ersatzpflicht hinfällig machen. Das wäre beispielsweise dann der Fall, wenn der Landwirt am Abend den Sohn mit dem Geländemotorrad zu einem Maisschlag schickt, um diesen für Wildschweine unattraktiv zu machen, während der Jäger dort ansitzt, um Schaden zu verhindern.

Zur Verhütung von Wildschäden gedachte Maßnahmen des Jagdausübungsberechtigten dürfen nicht zu Jagdschäden führen!

Umgekehrt muss der Jagdausübungsberechtigte aber auch Maßnahmen des Landwirtes dulden, die der Schadensverhinderung dienen. Dazu gehört auch das Recht, zu Schaden gehendes Wild von der Fläche zu vertreiben. Hier kann es kritisch werden, denn einerseits hat der Landwirt beispielsweise das Recht, am Abend seine Flächen zu beunruhigen, um Wild abzuhalten. Gleichzeitig verunmöglicht er eventuell mit dieser Maßnahme die Verhinderung von Wildschäden mit jagdlichen Mitteln durch den Jagdausübungsberechtigten.

Schätzung zum Erntezeitpunkt

Mitunter lässt sich der volle Wert von Bodenerzeugnissen erst zur Zeit der Ernte bemessen. Tritt der Wildschaden zu einem früheren Zeitpunkt ein, so ist der Wildschaden in dem Umfang zu ersetzen, wie er sich zur Zeit der Ernte darstellt. Nun können die Erträge von Feldfrüchten von Jahr zu Jahr, je nach Witterung, stark schwanken. Daher lässt sich die tatsächliche Höhe eines Wildschadens bei Schadenseintritt nicht immer ermitteln. Auch wäre bei Feststellung der Schadenshöhe zu berücksichtigen, ob der Schaden, nach den Grundsätzen einer ordentlichen Wirtschaft, durch Wiederanbau im gleichen Wirtschaftsjahr ausgeglichen werden kann. Dies wird man jedoch in den meisten Fällen verneinen müssen.

Hierzu ein reales Beispiel: In einem größeren Maisschlag ist zu Beginn der Teigreife erheblicher Schaden durch Schwarzwild entstanden. In der Folge wurde der Schaden aufgenommen und 15 % Verlust festgestellt. Im weiteren Verlauf des Sommers herrschte jedoch eine große Trockenheit, was im gesamten Gemeindegebiet zu 80 % Ernteausfall beim Mais führte. In einem solchen Fall kann kein Durchschnittsertrag zur Berechnung der Ersatzpflicht herangezogen werden. Hier wäre der festgestellte Wildschaden eventuell höher als der durch die Trockenheit bedingte tatsächliche Durchschnittsertrag. Entscheidend ist jedoch der Durchschnittsertrag in der betroffenen Gemeinde, nicht ein landesweiter Durchschnittsertrag.

Natürlich kann es auch genau umgekehrt sein, nämlich dass günstige Witterung im Schadensjahr lokal zu deutlich höheren Ernten führt.

Daher können sowohl der Geschädigte als auch der Ersatzpflichtige verlangen, dass die Höhe des Schadens erst in einem späteren, kurz vor der Ernte abzuhaltenden Termin festgestellt wird. Man wird dann zunächst den Umfang des durch Wild verursachten Schadens feststellen, den Wert aber erst zum Erntezeitpunkt.

Möglichkeit einer Ersatzkultur

Treten Schäden sehr früh ein, etwa Totalschaden bei den Kartoffeln schon unmittelbar nach dem Legen, so ist die Neubestellung auch mit einer anderen Fruchtart zumutbar, um den Verlust abzumildern. In einem solchen Fall wären neben dem Differenzbetrag zwischen der Kartoffel- und der Ersatzernte auch die Aufwendungen für die zweite Bestellung zu ersetzen.

Doch es muss ja gar kein Totalschaden sein. Ist beispielsweise Schwarzwild über einen frisch bestellten Getreideacker gezogen und hat dabei punktuell Schäden angerichtet, genügt möglicherweise eine manuelle Nachsaat. Dann wäre neben den Kosten für die Nachsaat (Saatgut und Arbeitsanfall) noch ein geringer Ernteausfall zu ersetzen. Würden die Kosten für die Nachsaat höher sein als der durch den Schaden verursachte Ernteausfall, ist die Nachsaat dem Zahlungspflichtigen nicht zumutbar. Unter diesen Umständen bestünde die Ersatzpflicht nur bis zur Höhe des Ernteausfalls.

Erzeugerpreis oder Marktpreis

In Deutschland ist der Ersatz von Wildschäden nicht im Bürgerlichen Gesetzbuch (BGB) geregelt, sondern im Bundesjagdgesetz (BJG), und dieses sieht in seinem § 29 nur Ersatz für Schäden an Grundstücken vor, wobei die auf einem Grundstück wachsenden Pflanzen eingeschlossen sind. Daraus entstehen immer wieder Streitereien, weil eben nur der durch die Einwirkung von Wild verursachte Ertragsverlust zu entschädigen ist. Entgangene Vermarktungsgewinne sind demnach nicht zu ersetzen.

Das Amtsgericht Biedenkopf hat dem in einem am 2. 10. 1996 getroffenen Urteil widersprochen. Im konkreten Fall forderte ein Landwirt, dem Schwarzwild Kartoffeln gefressen hatte, nicht den üblichen Erzeugerpreis, sondern den deutlich höheren Preis, den er als Direktvermarkter erzielt hätte. Das Gericht gab ihm Recht, zog allerdings die ersparten Werbungskosten (Rodung, Ernte, Transport, Sortierung) ab (Amtsgericht Biedenkopf, C 680/95).

In Österreich regelt alle Fragen zum Ersatz von Schäden generell das Allgemeine Bürgerliche Gesetzbuch (ABGB) in § 1323 ff, also auch Wildschäden.

Kosten der Weiterverarbeitung

Zu ersetzen sind nur Ernteverluste, also beispielsweise die vom Schwarzwild verursachten Schäden in einem Kartoffelacker. Im Schadensfall wären eventuell die eingesparten Ernte- und Einlagerungskosten abzuziehen. Auf gar keinen Fall müssen Kosten der Weiterverarbeitung nach dem Erntevorgang bezahlt werden.

Beispiel: Rotwild verursacht in einer Wiese einen Ernteausfall. Der Landwirt bringt den Wiesenaufwuchs in eine Trocknungsanlage, weil er kein Risiko mit dem Wetter eingehen will. Die Versuchung liegt nahe, den anteiligen Ausfall an Pellets als Wildschaden geltend zu machen. Das ist unzulässig, denn es entstanden ja für das vom Rotwild gefressene Gras weder Kosten für die Anfuhr noch für die Verarbeitung zu Pellets. Der Marktpreis für Pellets ist selbstverständlich höher als der für den Wiesenaufwuchs.

Nicht abzugsfähig sind anteilige Mähkosten, denn der Landwirt muss die Fläche auf alle Fälle vollständig mähen, unabhängig vom punktuell oder flächig vorhandenen Aufwuchs.

Saatgut, Speiseware oder Futterware?

Alle landwirtschaftlichen Kulturpflanzen werden zu unterschiedlichen Zwecken und/oder in unterschiedlicher Qualität angebaut. Bei manchen Pflanzen fallen bei der Ernte grundsätzlich unterschiedliche Qualitäten an. Kartoffeln können beispielsweise als Saatgut angebaut werden, dieses wird am teuersten gehandelt. Ein Teil der geernteten Kartoffeln wird aber immer nur die Qualität schlechter bezahlter Speisekartoffeln haben. Ebenso fallen beim Anbau von Speisekartoffeln auch die am schlechtesten bezahlten Wirtschaftskartoffeln an.

Saatgutanbauten müssen schon vor der Saat mit der Abnehmerfirma vereinbart werden, egal, um welche Pflanzenart es sich handelt. Saatgutanbauten müssen auch deklariert werden.

Um Sortenreinheit und Krankheitsresistenz festzustellen, werden Saatgutschläge während des Wachstums mehrmals begutachtet. Dabei kann die Saatguteigenschaft jederzeit aberkannt werden, beispielsweise als Folge eines Krankheitsbefalls. Wildschaden führt jedoch dazu, dass sich die Qualität des Gesamtschlages nicht mehr einwandfrei beurteilen lässt. Ab einem bestimmten Prozentsatz geschädigter Kartoffeln wird dem gesamten Schlag die Eigenschaft als Saatgut aberkannt. In einem solchen Fall kann der Landwirt seine Saatkartoffeln nur noch als Speisekartoffeln vermarkten. Selbst dann fällt ein gewisser Anteil zusätzlich in die am schlechtesten bezahlte Klasse Wirtschaftskartoffeln.

Der Landwirt kann seinen Anbau auf keinen Fall nachträglich zur Saatgutgewinnung erklären!

Zu beachten ist ferner, dass Ereignisse, die zur Aberkennung der Saatguteigenschaft führen, auch dann schlagend sind, wenn diese erst nach dem Wildschaden eintreten. Zu den häufigsten derartigen Ereignissen gehören Unwetter. Angenommen, Saatweizen wird kurz vor der Ernte vom Rotwild heimgesucht. Danach legt ein Unwetter den gesamten Weizen flach. In der Folge verhindert anhaltender Regen eine rechtzeitige Ernte. Damit ist aber der gesamte Schlag nicht mehr als Saatgut anerkannt. Folglich entstand auch kein Wildschaden an „Saatweizen".

Das gilt auch bei der Produktion nicht anerkannten Saatgutes irgendeiner Fruchtart für den Eigenbedarf. Das ist zulässig, nur darf der Landwirt es nicht in den Handel bringen. Rechtlich handelt es sich nicht um Saatgut. Entsteht in einem solchen Anbau Wildschaden, kann nicht der Preis für Saatgut gefordert werden. Dies ist auch dann nicht zulässig, wenn die Kulturkosten für das „Saatgut" höher waren als bei „normalem" Anbau. Entscheidend sind die Kosten, die dem Landwirt für die Ersatzbeschaffung entstehen.

Ersparnisse und Erschwernisse

Grundsätzlich hat der Geschädigte Anspruch auf die volle Mehrwertsteuer. Ebenso sind von der Schadenssumme alle Aufwendungen abzuziehen, die durch den Schaden entfallen sind, also Ernte-, Transport-, Sortier- und Lagerkosten. Andererseits sind aber auch jene Kosten hinzuzurechnen, die durch schadensbedingte Erschwernisse entstanden sind, beispielsweise schadensbedingt geringere Ernteleistung von Maschinen (Mähdrescher im Lagergetreide), notwendige Handarbeit usw.

Doppelter Schaden – nur einmal Anspruch

Wenn an einer Kultur ein Totalschaden entsteht und der Landwirt entschließt sich, eine Folgekultur anzubauen, die ebenfalls vom Wild geschädigt wird, kann der geschädigte nicht zweimal Ersatz verlangen. Der Schaden besteht in diesem Falle aus dem Ernteverlust der ersten Kultur sowie den Mehraufwendungen für die Zweitbestellung. Abgezogen werden müssen die Kosten für Saat, Pflege und Ernte der Erstkultur, denn die hätte der Geschädigte ja auch dann vom Erlös abziehen müssen, wenn kein Schaden eingetreten wäre.

Ohne den Totalschaden der Erstkultur, der ja ersetzt werden muss, wäre die Zweitkultur gar nicht möglich gewesen. Hätte der Landwirt zweimal Anspruch auf Wildschadenersatz, würde es für ihn sogar Sinn machen, besonders gefährdete Kulturen wie Mais oder Kartoffeln grundsätzlich auf den wildschadenträchtigsten Parzellen anzubauen, in der Hoffnung auf Totalschaden und Schaden in der Ersatzkultur.

Wildschaden an einer Zweitkultur muss jedoch dann ersetzt werden, wenn sie auch ohne Schaden an der Hauptkultur im Rahmen einer ordentlichen Betriebsführung üblich wäre. Das ist beispielsweise dann der Fall, wenn der Landwirt nach der Getreideernte auf derselben Fläche noch Grünfutter anbaut.

Schäden durch Wild aus Gehegen

Relativ häufig bricht Gehegewild aus und verursacht in angrenzenden Jagdrevieren Schäden. Während freilebendes Wild herrenlos ist und erst durch seine Erlegung in den Besitz des Jagdausübungsberechtigten gelangt, haben in Gefangenschaft gehaltene Tiere grundsätzlich einen Besitzer. Das gilt für alle in Gefangenschaft gehaltene Tierarten, auch für jene, bei denen es sich der gesetzlichen Definition nach um jagdbares Wild handelt. Erinnert sei an die zahlreichen Fleischproduktionsgatter, in denen überwiegend Rot- und Damwild gehalten wird, aber auch an die zahlreichen Schaugehege bei Gasthäusern oder im öffentlichen Erholungsraum.

Auch wenn solche Tiere ausbrechen, sind sie zuerst einmal immer noch Eigentum des Gatterbetreibers. Das bedeutet, sie dürfen

Ist der Damhirsch aus einem Gehege ausgebrochen und beginnt zu schälen, haftet der Gehegebesitzer für den Schaden. Was aber, wenn er keine Ohrmarke trägt und erst weit entfernt von seinem Gehege schält, wo der Ausbruch nicht bekannt ist?

zunächst – da im Besitz einer Person oder Personengemeinschaft stehend – nicht erlegt werden, auch nicht zur Schadensabwehr. Dafür haftet ihr Besitzer für die von solchen Tieren verursachten Schäden. Ich spreche hier ausdrücklich von Schäden und nicht von Wildschäden!

Hierzu ein Beispiel: Ein freilebender Hirsch kollidiert mit einem Auto; es entsteht Sach- und Personenschaden. Beides stellt keinen Wildschaden dar und ist nicht ersatzpflichtig. Handelt es sich hingegen eindeutig um einen aus einem Gehege ausgebrochenen Hirsch, haftet sein Besitzer. Die Haftung des Besitzers gilt für jede Art von Schäden, also auch für Schälschäden eines Rothirsches oder Fraß- und Lagerschäden eines ausgebrochenen Wildschweins im Getreide. In der Praxis ist die korrekte Zuordnung solcher Schäden oft schwierig.

Die Haftung endet, wenn es sich um jagdbares Wild handelt und wenn der Besitzer seinen Eigentumsanspruch offiziell aufgegeben hat, weil es nicht mehr möglich ist, das Tier einzufangen. Dann dürfen derartige Tiere im Rahmen der für die Art geltenden Bestimmungen vom Jagdausübungsberechtigten und seinen Mitjägern auch erlegt werden.

Jagdschäden

Wildschäden und Jagdschäden werden gelegentlich miteinander verwechselt, sind aber leicht auseinanderzuhalten: Wildschäden entstehen durch Wildtiere, Jagdschäden entstehen durch Jäger, ihre Hunde und/ oder ihre Helfer. Entstehen im hohen Wiesengras durch ruhendes Rotwild Lagerschäden, handelt es sich um Wildschaden. Wird der Aufwuchs jedoch von den Reifen eines vom Jäger oder von einem seiner Helfer gesteuerten Autos niedergedrückt, handelt es sich um Jagdschaden.

Vor dem Maisacker steht im aufgeweichten Boden eine Schwarzwildfährte; deutlich sind die seitlich sitzenden Afterklauen zu erkennen. Es lohnt sich für Landwirt und Jäger, im Mais Nachschau zu halten.

Ein Jagdschaden kann auch vorliegen, wenn der Jäger unberechtigt einen Hochsitz an einem Baum annagelt. Wird der Baum einmal geerntet, können die im Holz steckenden Nägel zum Problem werden. Auch „ganz normale" Jagdhandlungen können zu Jagdschäden führen, etwa wenn ein schweres Wild aus einem Getreideacker geborgen und dabei in unnötigem Maß das Getreide niedergetrampelt wird.

Dokumentation von Schäden

Für Geschädigte wie für Ersatzpflichtige ist eine frühzeitige Dokumentation eventueller Schäden immer von Vorteil. Sie erspart sinnlose Streitereien und erleichtert eine objektive Entschädigung.

Beispiele: Auf einem frisch bestellten Acker mit Sommergetreide fallen über Tage hinweg Tauben, Rabenvögel und Kleinvögel ein, die das Saatgut aufnehmen. Das kann zu erheblichen Ausfällen führen. Gute Fotos, die ermöglichen, sowohl das Grundstück als auch die das Saatgut aufnehmenden Tiere zu identifizieren, sind äußerst hilfreich. Natürlich können auch Fasane zu Schaden gehen und sollten fotografisch erfasst werden. Der Jäger wird erreichen, dass ein Teil des Schadens den nicht jagdbaren Kleinvögeln angelastet wird, und der Landwirt wird erreichen, dass zumindest ein Teil des Schadens den Fasanen zugeordnet wird und ersetzt werden muss. Wildkameras sind zwar billig und in den meisten Revieren vorhanden, eignen sich aber für Flächenaufnahmen wenig. Hier ist das „gute, alte Handy" als Aufnahmegerät von Vorteil.

Verbissschäden an Waldbäumen, aber auch an landwirtschaftlichen Pflanzen können durch ausgebrochenes Weidevieh entstehen. Auch hier hilft die Dokumentation, etwa von Hufspuren oder Kot, über die man den Geschädigten umgehend informiert.

Im Mais beispielsweise können Dachsfamilien Schäden verursachen, die an jene des Schwarzwildes erinnern. Das ist dort von Bedeutung, wo Dachsschäden nicht vergütet werden müssen. Oft gehen beide Wildarten zu Schaden. Ersetzt werden muss eventuell aber nur der vom Schwarzwild angerichtete Schaden. Also Fraßbilder, Losung, Lagerstellen und möglichst Mitverursacher wie beispielsweise Rabenvögel usw. dokumentieren!

Meldefristen für Wildschäden

Überall dort, wo ein Ersatz von Wildschäden vorgesehen ist, gibt es auch vorgeschriebene Meldefristen und Vorschriften über den Ablauf des Verfahrens. Eigentlich sollte jeder Jäger, Waldbesitzer oder Landwirt diese kennen. Ist er sich unsicher, genügt ein Anruf beim Berufsverband, bei der zuständigen Kammer oder bei der Forstverwaltung. Darüber hinaus besitzen Landwirte wie Jäger einen Internetzugang und können sich so informieren.

Umfangreicher Dachsschaden in einem Maisfeld, der auf den ersten Blick an einen vom Schwarzwild verursachten Schaden denken lässt. Eine gute Dokumentation von Spuren, Losung und Fraßbildern sowie die Hinzuziehung von Zeugen ersparen Streit und Kosten.

In Deutschland gibt es für Wildschäden im Wald zwei Meldetermine, einen im Frühjahr für die im Winterhalbjahr entstandenen Schäden und einen im Herbst für die im Sommerhalbjahr entstandenen Schäden. Feldschäden jedoch müssen deshalb kurzfristig angemeldet werden, weil eventuell noch eine Nachsaat oder Ersatzkultur möglich sein kann.

Das Bundesjagdgesetz (BJG) bestimmt in § 34 die Geltendmachung des Schadens: „Der Anspruch auf Ersatz von Wild- oder Jagdschaden erlischt, wenn der Berechtigte den Schadensfall nicht binnen einer Woche, nachdem er von dem Schaden Kenntnis erhalten hat oder bei Beobachtung gehöriger Sorgfalt erhalten hätte, bei der für das beschädigte Grundstück zuständigen Behörde anmeldet. Bei Schaden an forstwirtschaftlich genutzten Grundstücken genügt es, wenn er zweimal im Jahre, jeweils bis zum 1. Mai oder 1. Oktober, bei der zuständigen Behörde angemeldet wird. Die Anmeldung soll die als ersatzpflichtig in Anspruch genommene Person bezeichnen."

In Österreich haben die einzelnen Bundesländer unterschiedliche Regelungen getroffen, die teilweise Interpretation zulassen. Mehrheitlich beträgt die Frist zwei Wochen. Vorarlberg lässt bis zu einem Monat Zeit und im Burgenland reicht es gar, einen Schaden „unverzüglich" zu melden. Im Gegensatz zu Deutschland machen die österreichischen Bundesländer keinen Unterschied zwischen Schäden in der Landwirtschaft und solchen in der Forstwirtschaft.

Grundnutzer und Jäger müssen die Meldefristen ihres Bundeslandes kennen. Änderungen erfährt der Jäger aus der Jagdpresse oder aus dem Mitteilungsblatt seiner Jägerschaft. Letztere erteilt ihm auch Auskunft. Der Landwirt kann sich bei seiner Gemeindeverwaltung, bei der Landwirtschaftskammer oder bei einem Berufsverband erkundigen.

Tabelle 3

Meldefristen für Wildschäden in Österreich

Bundesland	Schäden im Wald	Schäden in der Landwirtschaft
Burgenland	binnen vier Wochen	binnen zwei Wochen
Kärnten	innerhalb von sechs Monaten	binnen 14 Tagen
Niederösterreich	binnen vier Wochen	binnen zwei Wochen
Oberösterreich	binnen drei Wochen	binnen drei Wochen
Salzburg	innerhalb von sechs Monaten	innerhalb einer Woche
Steiermark	binnen zwei Wochen	binnen zwei Wochen
Tirol	innerhalb von drei Jahren	eventuell im Pachtvertrag geregelt
Vorarlberg	innerhalb von drei Monaten	innerhalb von drei Monaten
Wien	binnen einer Woche	binnen einer Woche

ANDERE SCHADENSURSACHEN

Vermischung von Schäden

Schäden an forstlichen wie landwirtschaftlichen Kulturen werden nicht nur von Wildtieren verursacht. Auch Haus- oder Nutztiere können erhebliche Schäden anrichten. Diese berühren den Jäger allerdings nur, wenn der Geschädigte den oder die Verursacher nicht erkennt oder wenn sie sich mit Wildschäden vermischen.

Beispiel: Rinder sind ausgebrochen und suchen einen Maisschlag heim, in dem auch Schwarzwild Schäden verursacht hat. In der Regel lassen sich Pferde, Rinder, Schafe oder Ziegen an den hinterlassenen Spuren und am Kot leicht nachweisen.

Teuer können durch Weidetiere im Wald verursachte Verbiss- und Schälschäden werden. Das ist besonders dort zu beachten, wo noch alte Weiderechte im Wald bestehen. Manchmal brechen Weidetiere auch einfach aus und stellen sich im Wald ein. Diese Gefahr ist besonders bei heißem Sommerwetter groß, wenn Weidetiere auf den Koppeln keinen Schatten finden.

Häufig entstehen Schäden auch durch Wetterereignisse, durch Bearbeitung oder schlicht durch Menschen. Geringe Ernten können auch standortbedingt sein. Für alle derartigen Schäden entfällt die Ersatzpflicht des Jägers. Das ist eigentlich selbstverständlich und wäre nicht erwähnenswert, würden sich solche Schäden gelegentlich nicht mit ersatzpflichtigen Wildschäden mischen. Dabei kann es zu unterschiedlichen Auffassungen über die tatsächliche Schadenshöhe kommen. Für den Jäger ist es daher wichtig, auch den Wetterverlauf und seine Auswirkung auf Kulturen zu beobachten und zu registrieren. In den letzten Jahren wurde deutlich, dass künftig mit einer Häufung von Wetterextremen zu rechnen ist. So hat sich jetzt schon die Verteilung der Niederschläge negativ geändert. Relativ langen Trockenperioden folgen Starkregen mit Überflutungen und/oder Hagel. Die Winter wurden schneeärmer, wodurch der Boden im Winter nicht geschützt wird. Während die Winter oft mild sind, häufen sich Spätfröste.

Frost (Frühjahr)

Spätfröste können im Wald besonders an Weißtanne und Buche zu erheblichen Schäden führen. Die jungen, noch weichen Triebe erfrieren und werden braun. Mitunter sterben Jungbäume ganz ab.

Auch landwirtschaftliche Kulturen können betroffen sein. Im Wein- und Obstbau entstehen die größten Frostschäden während der Blüte.

Durch Spätfrost abgefrorene Maitriebe an einer Fichte. Sie fallen später ab und ihr Fehlen wird gelegentlich als Verbiss gewertet.

Starkregen und Sturm (Frühjahr und Sommer)

Hochwasserschäden wird der Landwirt kaum dem Wild zuschreiben oder mit Wildschäden vermischen. Eher werden vom Wild geschädigte Kulturen nachträglich Opfer von Hochwässern. Anders, wenn Starkregen zur Aussaatzeit zu kleinflächigeren Abschwemmungen führen: Saatgut kann abgeschwemmt oder überdeckt werden. Dann entstehen Fehlstellen, die später eventuell als Fraßschäden bewertet werden. Wo das Vertrauensverhältnis zwischen Landwirt und Jäger im Einzelfall fehlt, lohnt es sich, derartige Schäden zu dokumentieren.

Starkregen führen, vor allem in Verbindung mit Sturm, zu Lagergetreide. Anhaltende Regenfälle können die zeitgerechte Ernte verhindern, so dass es zum Auswachsen des Getreides kommen kann. Lagergetreide zieht zahlreiche Wildtiere an – von Kleinnagern über Wildenten bis zum Schwarzwild –, die alle das Getreide schädigen können. Kann es nicht mehr oder nur unzureichend geerntet werden, muss das bei allfälligen Wildschadensschätzungen berücksichtigt werden.

Hagel (Frühjahr bis Herbst)

Starker Hagelschlag mit großen Körnern kann auch an jungen Waldbäumen zu erheblichen Schäden führen, wenn die Rinde verletzt oder Jungtriebe abgeschlagen werden. Gelegentlich werden derartige Schäden auf Verbiss oder Fegen zurückgeführt.

Im Obst- und Weinbau werden die Blüten geschädigt sowie die Früchte vom Ansatz bis zum Erntestadium. Nicht selten werden vom Wild Trauben gefressen, die vorher schon vom Hagel geschädigt und minimiert worden sind.

Erhebliche Schäden durch Hagel können auch im Gemüsebau entstehen. Den Jäger berührt das nur dort, wo Wildschäden an Gemüse bei feldmäßigem Anbau ersetzt werden müssen.

Trockenheit (Frühjahr bis Herbst)

Trockenschäden treten in der Landwirtschaft in den letzten Jahren immer häufiger auf. Fehlende Niederschläge können schon bei Jungpflanzen zu Ausfällen oder geringerem Wachstum führen. Häufig kommt es gerade bei Mais zu großen Dürreschäden und hohen Einbußen.

Vermurung

Im Gebirge bringen Starkregen häufig Geröll und Erdmassen in Bewegung. Meist fließt das Geschiebe in einer Rinne oder einem Bachbett. Wird das Gelände dann flacher, staut es sich und schiebt sich rechts und links in die Fläche, wo es liegen bleibt. Jungpflanzen können dabei teilweise im Geschiebe stecken. In der Folge kümmern sie und vertrocknen auch. Jungbäume, deren Terminaltriebe den Äsern schon entwachsen waren, sind für das Wild nun wieder erreichbar. Auch mäßiger Verbiss kann dann bei solchen Vorschäden zum Absterben führen.

Schatten und Randlagen

Schatten kann auf eine ungünstige Exposition oder auf die Nähe des Waldes zurückzuführen sein. Er hat aber fast immer einen nachteiligen Einfluss auf den Ertrag der jeweiligen Kultur. Das ist bei der Bewertung von Wildschäden in einem solchen Bereich zu berücksichtigen. Meist handelt es sich ja um größere Parzellen, und nur ein kleiner Teil wird beschattet. Wildschäden entstehen aber bevorzugt in der direkten Nachbarschaft des Waldes.

Die Fichten stehen bis zu einem Drittel ihrer Höhe im Geschiebe, was zu erheblichen Verlusten führen kann.

Schäden durch Bearbeitung

Schäden durch Bearbeitung entstehen durch fehlerhaft eingestellte oder arbeitende Maschinen, etwa bei Anwendung von Herbiziden, Insektiziden, Fungiziden oder Handelsdünger. Ungleiche Ausbringung und Überdosierung können zu Keimausfällen oder geringem Wachstum führen. Sind Keimausfälle auf Wildtiere zurückzuführen, etwa auf Fasane, welche das Saatgut herausgepickt oder Keimlinge gefressen haben, finden sich im Boden keine Saatkörner mehr. Anders, wenn diese durch Fehlbehandlung nicht keimen konnten.

SCHADENSERMITTLUNG

Was wurde festgestellt?

Hier wird aufgelistet, was an Beweisen und Hinweisen seit Kenntnisnahme des Schadens festgestellt wurde. Dazu gehören Beobachtungen von Tieren, Spuren, Kot und Lager. Beide Parteien werden bestrebt sein, bei zu erwartender Meinungsverschiedenheit Zeugen zu benennen oder Fotos zu liefern. Nicht selten sind an einem Schaden ja unterschiedliche Tierarten beteiligt – solche, deren Schäden ersatzpflichtig sind, und andere.

Ermittlung des Schadenumfangs

Bei kleineren Schäden ist die Wahrscheinlichkeit einer gütlichen Einigung und unbürokratischen Begleichung des Schadens groß, auch wenn die beiden Parteien nicht völlig einer Meinung sind. Meist werden dabei einfach zwei Schätzungen abgeglichen.

Nicht selten einigt man sich auf eine spezielle „Währung" in Form von Wildbret oder andere Naturalien. Der Geschädigte kann dabei durchaus besser abschneiden als bei einer formalen Schadensabwicklung und Begleichung in Euro. Der Jäger aber erlegt und bezahlt mit einem bis dahin herrenlosen Wild, das nicht einmal zwingend in irgendwelche Bücher Eingang findet.

Bei kleineren Schäden in der Landwirtschaft werden mitunter auch die geschädigten Pflanzen ausgezählt und gewogen, etwa bei Kartoffeln oder Rüben. Notwendig sind dann Vergleichsdaten, also die Gewichte nicht geschädigter Pflanzen.

Bei größeren Schäden kommt es auf die Kultur an. Muss oder will man gleich aufnehmen, ist eine Lageskizze sinnvoll, in der auch die wesentlichen Daten wie Größe der geschädigten Fläche, Reihenabstand und Abstand in der Reihe festgehalten werden. Beim Mais lassen sich Schäden auch nach der Ernte noch erfassen; die umgedrückten Stängel werden ja vom Mähdrescher nicht aufgenommen.

Die Kamera an der Drohne zeigt Schwarzwild, das auch über Tag in einem großen Rapsschlag steckt.

In den letzten Jahren werden auch bei der Wildschadensaufnahme immer häufiger Drohnen eingesetzt, mit denen sich Schäden nicht nur aus der Luft gut dokumentieren, sondern auch frühzeitig erkennen lassen.

Datenrückgriff

Der Wert landwirtschaftlicher Erzeugnisse ändert sich von Jahr zu Jahr. Daher macht es keinen Sinn, hier Daten zu nennen. Der geschädigte Landwirt findet aber im Internet die für seinen Raum gültigen Werte. Auch bei Erzeugergenossenschaften, Maschinenringen oder Berufsverbänden bekommt er Auskunft.

Da die aktuellen Preise erst bei der Ernte sichtbar werden, ist es sinnvoll, nach alsbaldiger Ermittlung des Schadenumfangs mit der Bestimmung der Schadenssumme bis nach der Ernte zu warten. Das ist auch gegenüber dem Geschädigten zumutbar, da er seine Erzeugung ohne Schaden auch erst nach der Ernte hätte verkaufen können.

Im Feld machen Rehe – außer in Sonderkulturen – eher selten echte Schäden.

SCHUTZMASSNAHMEN

DRAHTZÄUNE

Zäune im Feld

Im Feld sind feste Zäune eher die Ausnahme, wir finden sie aber zum Schutz von Wein- und Obstgärten. Wer eine solche Anlage dauerhaft zäunen will, wählt stabile Pfähle und eine Drahthöhe von 180 cm. Da jedoch im Wein- und Obstbau Schäden durch Feldhasen und Wildkaninchen häufig die von Rehwild übersteigen, muss das Drahtgeflecht mindestens bis in eine Höhe von einem halben Meter über dem Boden engmaschig sein. Maschengitter erfüllen diese Voraussetzungen durchgehend, ebenso Sechseckgeflechte. Werden Knotengitter verwendet, ist darauf zu achten, dass die unteren Maschen, bis in eine Höhe von 50 cm, nicht weiter als 10 x 5 cm sind. Sollen neben Hasen auch Wildkaninchen abgehalten werden, muss das Geflecht jedoch mindestens 20 cm, besser aber 30 cm tief in den Boden reichen. Damit sind die engen Maschen unter der Erde; über der Erde können Kaninchen und Hasen jedoch problemlos durchschlüpfen. Entweder es wird ein Zaun verwendet, der bis 100 cm Höhe nicht grobmaschiger ist als 15 x 10 cm, oder man muss in den Boden ein billiges Sechseckgeflecht eingraben und oberhalb mit dem Knotengitter verbinden.

Landesrecht in Österreich

Einige österreichische Bundesländer haben in ihren Landesjagdgesetzen teils stark abweichende Bestimmungen zur Zaunhöhe im Obst- und Weinbau getroffen.

Entsteht Wildschaden in einer Obstanlage, ist dieser nur ersatzpflichtig, wenn das Wild trotz intakter Schutzmaßnahmen eingedrungen ist.

E-ZÄUNE

Grundsätzlich

E-Zäune finden fast ausschließlich temporär im Feld Verwendung. Sie sind kostengünstig, weil langjährig verwendbar und mobil einsetzbar. Sie erfordern allerdings einen relativ hohen Pflegeaufwand, weil die Zauntrasse bewuchsfrei gehalten werden muss. Zumindest darf der Bewuchs nicht mit den stromführenden Drähten in Berührung kommen, da ansonsten ein Spannungsabfall eintritt. Gerade bei höheren Pflanzen wie Mais oder Hirse knicken einzelne Stängel immer wieder ab und kommen so von oben mit dem Draht in Berührung. Daher muss gerade bei und nach Schlechtwetterperioden kontrolliert werden, weil Wind und Regen die zu schützenden Pflanzen drücken. Häufig werden Kontrolle und Freihaltung von den Jägern übernommen.

In der freien Landschaft kommen Netzgeräte, da sie an das Stromnetz angeschlossen werden müssen, allenfalls im Nahbereich von Höfen zum Einsatz. Auch können Netzgeräte leicht durch Blitzschlag zerstört werden. Daher ist zu empfehlen, einen mit dem Erdstab verbundenen Blitzschutz zwischen Gerät und Zaun zu schalten.

Mit Solarstrom betriebene Batterie eines Weidezaungerätes, davor ein Netzzaun (Schafzaun).

Gerätetypen und Leistung

Die Regel ist das 12-Volt-Batteriegerät. Hier wird zwischen Nass- und Trockenbatterien unterschieden. Geräte mit Nassbatterie können mit einem Solaraufsatz kombiniert werden. Damit entfällt das lästige Austauschen der Batterien.

Im Handel sind auch preisgünstigere 9-Volt-Geräte mit Trockenbatterie erhältlich. Sie eignen sich nur für kurze Zaunstrecken und sie reagieren auf den Strom ableitenden Bewuchs empfindlicher als die stärkeren 12-Volt-Batterien. Beim Kauf eines Batteriegerätes muss auf zwei Leistungsangaben geachtet werden – auf Energie und auf Spannung.

Energie wird in Joule gemessen, wobei zwischen der Ladeenergie und der Entladeenergie unterschieden wird.

Ladeenergie (Input), das ist die aus der Stromquelle (Netz oder Batterie) kommende Energie, sagt jedoch nichts über die Schlagstärke des Gerätes.

Entladeenergie (Output) wird bei einem Widerstand von 500 Ohm gemessen, was nach DIN VDE 0667 dem Widerstand eines Tierkörpers entspricht. Dabei darf der Wert von 5 Joule nicht überschritten werden.

Die Ladeenergie (Input) ist immer höher als die Entladeenergie (Output). Je höher die Entladeenergie, umso schmerzhafter die Wirkung beim Empfänger. Eine hohe Entladeenergie alleine sagt aber noch wenig über die Hütesicherheit des Gerätes; hier sind noch Angaben über die realistischen Widerstände erforderlich.

Spannung wird in Volt gemessen. Sie ist notwendig, um natürliche Isolierschichten (Fell, Schmutz) zu überbrücken. Die Spannung transportiert den Strom, folglich steigt mit der Spannung auch die Gefahr von Überschlägen und damit von Leistungsverlusten. Je höher die Spannung, umso länger können allerdings die Zäune sein.

Spannung sagt nichts über den Grad des Schmerzes aus, den ein Tier bei Berührung erfährt. Die Angaben von Spannung sind nichtssagend ohne Angaben der realistischen Zaunlast (des Widerstandes).

Die Mindestspannung zur Erreichung von Hütesicherheit sollte an jedem Punkt des Zauns 2.000 Volt betragen (nach VDE/DLG). In der Schweiz werden als Mindestspannung sogar 4.000 Volt empfohlen.

Einbau und Platzierung des E-Gerätes: Grundsätzlich besteht für E-Geräte, vor allem in ortsfernen Bereichen, die Gefahr, gestohlen zu werden. Häufig werden sie auch von Fremden (Spaziergängern, Jugendlichen, Jagdnachbarn) manipuliert und es wird dabei die Stromversorgung des Zaunsystems unterbrochen. Einen wirklich sicheren Diebstahlschutz gibt es für außer Haus stehende Geräte nicht. Sie sollten aber zumindest in stabilen, in die Erde eingelassenen und mit abschließbarem und regensicherem Deckel versehenen Holzkästen installiert werden.

Ganz wichtig ist ausreichende Erdung der Geräte, denn die Verwendung eines leistungsstarken Gerätes alleine garantiert noch keine Hütesicherheit. Eine solche ist nur gegeben, wenn das Tier bei Zaunberührung den Stromkreislauf schließen kann. Die ist aber bei fehlender oder schlechter

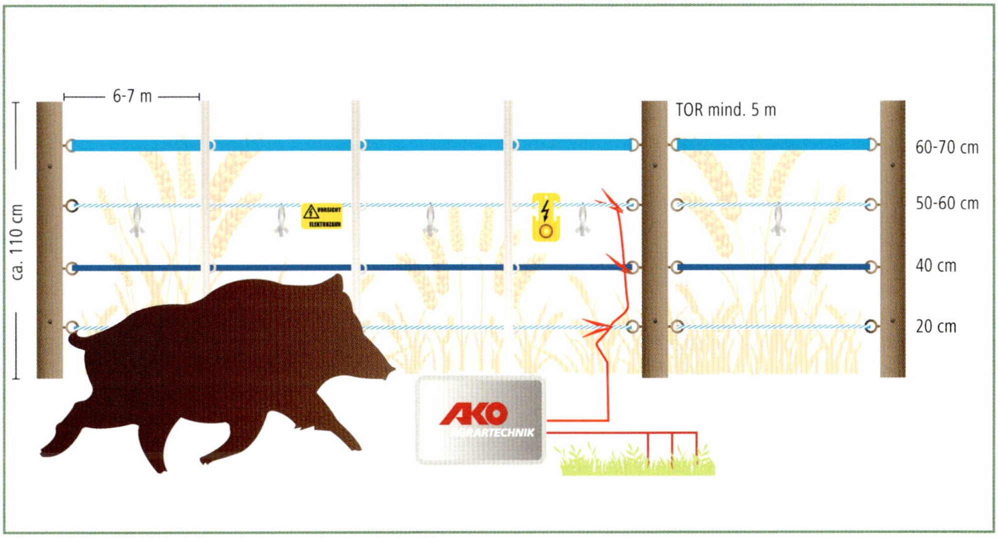

Schema eines E-Zaunes, wie er zur Abwehr von Schwarzwild ideal ist. Wichtig sind immer eine gute Erdung und eine saubere Zauntrasse, um Stromableitung über den Pflanzenbewuchs zu vermeiden.

Erdung nicht der Fall. Der Rückfluss des Stromes erfolgt ja durch die Erde und das Erdkabel ins Gerät. Üblich ist die Verwendung eines mindestens 1 m tief in den Boden reichenden Erdankers. Unter optimalen Verhältnissen ist das ausreichend.

Ursachen, die den Stromfluss im Erdreich unter Umständen hemmen, sind:

- Schotter als Untergrund
- Trockenheit
- Bodenfrost
- Rostbildung am Erdanker

Daher sollten prinzipiell nur verzinkte Erdanker verwendet werden (Rost isoliert!). Die Firma AKO, einer der führenden Gerätehersteller, empfiehlt folgende Möglichkeiten:

- Einschlagen eines mindestens 1 m langen Erdstabes direkt beim Zaun;
- wenn dies nicht ausreichend ist, Verwendung mehrere Erdstäbe, die miteinander verbunden werden;
- 20 cm tiefe Verlegung eines 5 bis 10 m langen Erddrahtes, parallel zum Zaun;
- die Führung eines reinen Erddrahtes am Zaun dicht über dem Boden, befestigt an den Pfählen ohne Isolatoren, der den über das Tier übertragenen Strom zum Gerät zurückleitet.

Unterschiedliche Zauntypen und ihr Aufbau

Der Zaun selbst besteht im Wesentlichen aus den die Stromleiter tragenden Pfählen und den Stromleitern. Ob nun Holz-, Metall- oder Kunststoffpfähle Verwendung finden, ist ohne Belang, sofern eine gute Isolierung der Leitungshalter gegeben ist. Als Eckpfähle empfehlen sich immer solche aus Holz.

Große Preisunterschiede gibt es bei den Isolatoren, die sich bei der Menge des benötigten Materials summieren. Hinsichtlich ihrer Konstruktion ist zu unterscheiden zwischen Stabilität und niedrigen Durchschlagswerten. Beides ist wichtig, trifft aber nicht immer zusammen. Bei den besonders stabilen Isolatoren mit durchgehender Stütze (Metallkern) besteht bei entsprechender Abnützung die Gefahr des Durchschlagens. Es kommt dann unter Umständen zu Erdschlüssen und damit zum Leistungsabfall.

Wildtiere sollen die Stromleiter frühzeitig erkennen, sie sind aber überwiegend nachtaktiv. Daher empfiehlt es sich, zumindest in „Augenhöhe" der Wildtiere breite Kunststoffbänder zu verwenden. Kunststoff leitet natürlich nicht, er isoliert. Er dient auch nur als Träger, wobei der Strom über mehrere eingeflochtene Edelstahldrähte oder Kupferleitfäden fließt. Jedenfalls soll der stromführende Draht einen möglichst großen Durchmesser aufweisen.

Der Verwender muss beim Kauf eines Stromleiters auf den in Ohm angegebenen Widerstand achten. Je länger der Zaun, umso niedriger sollte die Ohmzahl sein. Bis 1.000 m Länge kommt man allerdings, ein leistungsfähiges Gerät vorausgesetzt, mit nahezu jeder Litze, jeder Kordel oder jedem Band zurecht. Eine Länge von 1.000 m erscheint zwar viel, ist es aber nicht. Angenommen ein großer Maisschlag, den es vor Schwarzwild zu schützen gilt, ist 100 m breit und 200 m lang, das ergibt einen Umfang von 600 m. Da zur Schwarzwildabwehr aber zumindest drei übereinanderliegende Drähte erforderlich sind, kommen bereits 1.800 m zusammen. Möglicherweise muss auch noch eine benachbarte Parzelle geschützt werden, was durchaus mit ein und demselben Gerät möglich ist. Dann

Tabelle 4

Übersicht: Die wichtigsten gebräuchlichen Stromleiter

Bezeichnung	Drähte	Widerstand
Weidezaun-Kordel	ca. 6 mm, mit 3 Kupferleiterfäden 0,35 mm	ca. 0,06 O/m
Kunststoff-Band	40 mm breit, mit 4 verzinnten Kupferleiterfäden 0,22 mm	ca. 0,08 O/m
Kunststoff-Band	20 mm breit, mit 6 verzinnten Kupferleitfäden 0,25 mm	ca. 0,10 O/m
Kunststoff-Litze	mit 3 Kupferleitfäden 0,25 mm	ca. 0,13 O/m
Kunststoff-Band	10 mm breit, mit 4 verzinnten Kupferleiterfäden 0,25 mm	ca. 0,13 O/m
Drahtlitze	7-adrig, verzinnt	ca. 0,15 O/m
Kunststoff-Litze	mit 6 Edelstahldrähten 0,20 mm	ca. 0,55 O/m
Weidezaun-Kordel	ca. 6,5 mm, mit Edelstahldrähten 0,20 mm	ca. 4,00 O/m
Kunststoff-Band	20 mm breit, mit 6 Edelstahldrähten 0,20 mm	ca. 4,00 O/m
Kunststoff-Band	10 mm breit, mit 4 Edelstahldrähten	ca. 6,00 O/m
Kunststoff-Litze	mit 3 Edelstahldrähte 0,18 mm	ca. 8,00 O/m

werden sehr schnell Draht- bzw. Bandlängen von mehreren Kilometern erreicht. Der Widerstand liegt, bei den heute an Weidezäunen gebräuchlichen Stromleitern, zwischen 0,06 und 8,0 O/m (siehe Tabelle 4).

Durch Verbindung der einzelnen Stromleiter mit Zaunverbindungskabeln wird vermieden, dass ein oder mehrere Leiter durch Beschädigung ohne Spannung sind. Das ist vor allem bei längeren Zäunen zu empfehlen.

Merke: Geräte mit hoher Spannung und niedriger Entladeenergie sind weniger wirksam als Geräte mit niedriger Ausgangsspannung und hoher Entladeenergie!

Wege und Durchlässe

Werden mehrere nebeneinanderliegende Parzellen durch Wege oder Fahrgassen getrennt, müssen leicht zu öffnende Durchlässe eingeplant werden.

Hierzu gibt es gut isolierte Standard-Torgriffe mit Federzug, die leicht ein- und ausgehängt werden können. Meist enden die Stromleiter rechts und links an den Isolatoren der Torpfosten (Holz); Verbindung wird lediglich durch die aus- und einzuhängenden Drähte/Bänder mit den Torgriffen hergestellt. Wenn nun irgendjemand vergessen hat, die Griffe einzuhängen, ist der Stromfluss zumindest in einem Teil des Zaunes unterbrochen. Wahrscheinlich aber fällt die Hütewirkung ganz aus, weil der Strom im vorgelegenen Zaunabschnitt durch die am Boden liegenden Drähte ins Erdreich abgeleitet werden. Um das zu verhindern, werden die beiden Zaunabschnitte vor und nach dem Tor durch ein unterirdisch verlegtes Hochspannungskabel miteinander verbunden. Die das Tor bildenden Drähte/Bänder sind auf der einen Seite ohne Kontakt zum Leitungssystem (Befestigung an Isolatoren). Der Kontakt wird erst nach Einhängen der Standard-Torgriffe hergestellt. Bleibt das Tor versehentlich offen, kann der Strom nicht ins Erdreich abgeleitet werden. Gleichzeitig steht aber das gesamte System unter Spannung.

Zauntrassen und Stromableitung

Um Funktionsmängel am Zaunsystem zu erkennen, sollte bei den Kontrollen ein Zaun- und Isolatorenprüfer eingesetzt werden. Ein solcher gehört daher zur Standardausrüstung. Mit ihm lässt sich die Spannung an jeder beliebigen Stelle des Systems messen, ebenso die Sicherheit von Isolatoren. Nur so kann verhindert werden, dass Wild trotz in Betrieb genommenem E-Zaun auf geschützte Flächen vordringt. Denn das zentrale Problem aller E-Zäune ist die Stromableitung durch Bewuchs. Zauntrassen müssen daher regelmäßig kontrolliert und von Bewuchs freigehalten werden. Entweder die Trasse wird regelmäßig gemäht oder mit einem Wuchshemmer gespritzt.

Trotzdem bleibt es in der Praxis nicht immer aus, dass Gräser oder andere Pflanzen mit dem untersten Draht in Berührung kommen. Leistungsstarke Geräte haben eine so hohe Entladeenergie, dass diese Pflanzen abgebrannt werden, wodurch der Stromabfluss in die Erde wieder unterbrochen ist.

Vorbildlicher Zaunaufbau, bei dem der Stromkreislauf nicht komplett ausfällt.

An jedem E-Zaun müssen ausreichend Warnhinweise angebracht werden.

Der Mehrpreis für diese leistungsstarken Geräte macht sich jedoch meist schon beim ersten kleineren Schadensfall bezahlt.

Warntafeln und Sichtbarmachung

Gerichte sind unberechenbare Instanzen vermeintlichen Rechtes, vor denen auch gegen einen noch so notwendigen und vorschriftsmäßig errichteten E-Zaun erfolgreich geklagt werden kann – je nach Richter. Zwar wird das Gericht kaum den Zaun als solchen absprechen, wohl aber einem Kläger eventuell ein Schmerzensgeld zusprechen, wenn er mit stromführenden Leitern in Verbindung kam und nicht durch Hinweistafeln ausreichend gewarnt wurde. Daher müssen unbedingt dort derartige Tafeln gut sichtbar angebracht werden, wo die Zauntrasse parallel zu öffentlichen Wegen führt, und bei den Durchlässen.

Wer als Stromleiter Drähte, Litzen oder Kordeln verwendet, sollte zusätzlich Plastikbänder anbringen, wie sie zur Baustellenabsperrung eingesetzt werden und in jedem Heimwerkermarkt erhältlich sind: Entweder alle paar Meter ein Stück dieser rotweißen Bänder anknüpfen oder am besten neben dem obersten Stromleiter ein solches Band mitlaufen lassen.

Elektrisch geladene Stolperdrähte

Hinsichtlich Geräte und Leistung gilt das oben stehend bereits Gesagte. In Deutschland und Österreich ist diese Methode kaum bekannt, doch die Jagdverwaltung des Schweizer Kantons Zürich hat gute Erfahrungen damit gemacht. Sie ließ in Maisflächen, auf denen die Sauen noch nicht zu Schaden gegangen waren, in Abständen einige elektrisch geladene Stolperdrähte spannen. Zuvor müssen einige Zeilen zwischen den Maisreihen frei von Bewuchs gehalten werden, was innerhalb eines Maisschlages einfacher ist als an dessen Rand. Dann wird ein Draht etwa 20 cm über dem Boden gespannt. Es werden keine Litzen oder Kunststoffbänder verwendet, denn anders als beim Außenzaun sollen die Drähte innerhalb des Feldes dem Wild nicht auffallen.

Die Sauen und natürlich auch andere Maisliebhaber können zunächst ungehindert in den Schlag einwechseln, berühren dabei aber früher oder später – völlig unvorbereitet – einen der stromführenden Drähte. Während die Rotte außen relativ geordnet anwechselt und die einzelnen Sauen Blickkontakt miteinander haben, verteilen sich die Tiere innerhalb relativ schnell, weil sie mit ihrem Fraß beschäftigt sind. Bei Kontakt mit einem der Stolperdrähte lassen sie einen Klagelaut hören, der die übrigen Rottenmitglieder – mangels Sichtkontakt – stark verunsichert. Hinzu kommt, dass wahrscheinlich mehrere Sauen in kurzen Abständen und auch auf ganz unterschiedlichen Linien Stromschläge bekommen. Sie erkennen kein Schema, wie dies bei einem Außenzaun der Fall ist. Nach Erfahrung der Züricher Jagdverwaltung werden die Rotten dadurch nachhaltig vertrieben.

Tabelle 5

Fehler am E-System aufspüren
Übersicht: Funktionsstörungen – Ursachen und Behebungen

Auswirkungen	Mögliche Ursachen	Probleme	Abhilfe
Eingeschränkte Funktion und Wirkung	Mangelhafte Erdung	Erdungsstab nicht verzinkt, Rost setzt sich an und wirkt isolierend.	Verzinkten Erdungsstab verwenden.
		Erdung erfolgt in zu trockenem Boden, z. B. unter einem Vordach oder Baum, oder der Erdungsstab wurde nicht tief genug eingeschlagen.	Erdungsstab mindestens 1 m tief an einer feuchten oder bewachsenen Stelle in den Boden schlagen oder zusätzlich Erdungsdraht ohne Isolatoren am Zaun führen und mit dem Gerät verbinden.
		Ungenügende und fehlerhafte Verbindung von Erdkabel und Erdungsstab	Spezielles Erdanschlusskabel mit Befestigungslasche verwenden.
	Am Erdungsstab beträgt die Spannung mehr als 300 Volt.	Der Zaun hat eine „undichte Stelle", weil ein Draht/Band gerissen ist und am Boden liegt, weil Isolatoren überschlagen lassen oder weil Bewuchs den Zaun berührt.	Die „undichte Stelle" finden und beseitigen.
		Ungenügende Erdung	Die Erdung verbessern (siehe weiter oben).
Empfangsstörungen an benachbarten Radio- und TV-Geräten	Nicht entstörtes Gerät oder schadhafte Zaunanlage		Gerät und Zaun trennen. Wenn Störung beendet, liegt der Fehler in der Zaunanlage und nicht am Gerät.

Eingeschränkte oder gar keine Funktion	Zu wenig Spannung am E-Zaun	Als unterirdische Verbindung zwischen Gerät und Zaun wurde normales Feuchtraumkabel (220/380 V) verwendet, wodurch es zu Überschlägen und Spannungsabfall kommt.	Austausch gegen ein AKOtronik-Hochspannungskabel
		Es wurde ein zu dünner oder schlecht leitender Draht für den Zaun verwendet.	Durch einen besseren Draht ersetzen.
		Das Leitermaterial des Zauns (Litzen, Kordeln, Bänder) wurde nur verknotet, daher Unterbrechung im Stromfluss.	Knoten lösen und durch ordentliche Verbinder ersetzen.
		Draht ist verrostet; Rost isoliert.	Durch rostfreie Leiter ersetzen.
		Starker Bewuchs auf Zauntrasse führt zu Spannungsverlusten.	Zauntrasse von Bewuchs freihalten.
		Isolatoren sind abgenutzt oder defekt, was zu Spannungsverlusten führt.	Austausch der Isolatoren; keine durchgehenden Stützen verwenden.
Keine oder mangelhafte Funktion	Fehler am Gerät	Gerät ist nicht richtig angeschlossen: Zaun- und Erdausgang sind falsch gepolt oder Stecker oder Steckdose ist fehlerhaft.	Gebrauchsanweisung lesen und System durchprüfen.
		Batterie ist zwar frisch aufgeladen, Gerät funktioniert trotzdem nicht.	Batterie unter Betriebsbedingungen prüfen und eventuell austauschen.
		Verschieden starke Ausgänge des E-Gerätes wurden an einen Zaun angeschlossen.	Anschlüsse überprüfen: Pro Zaun darf nur ein Ausgang angeschlossen sein.

ZÄUNE IM WALD

Grundsätzlich

Kulturzäune sind immer teuer, und schon die notwendige regelmäßige Kontrolle übersteigt bei objektiver Bewertung die Einnahmen des Grundeigentümers aus der Jagdverpachtung.

Drahtzäune im Wald sind daher „Verzweiflungstaten", weil ohne sie vielerorts ein dem jeweiligen Standort entsprechender Jungwald durch Wildverbiss verhindert wird. Noch in den 1970er Jahren entsprach die Zaunlänge im Staatswald Bayerns der Strecke München–Peking! Inzwischen sind Zäune dort eher eine seltene Ausnahme. Vor allem eine Anpassung der Rehwildbestände hat den Zaunverzicht ermöglicht.

Zäune stellen keine wirkliche Lösung des Wald-Wild-Problems dar, allenfalls sind sie eine Notlösung mit großen finanziellen wie ökologischen Nachteilen. Dass häufig gerade die Jäger für den Zaun plädieren, weil sie sich davon niedrigere Abschussquoten erhoffen, ist völlig unverständlich. Denn bei den gezäunten Flächen handelt es sich in der Regel auch um besonders wichtige Äsungsflächen des Wildes, und sie sind überdies besonders vorteilhafte Jagdflächen. Wer aber dem Wild einen Teil seiner natürlichen Nahrung hinter einen Zaun stellt, muss künftig mehr und nicht weniger erlegen, denn der Verbissdruck auf den ungezäunten Flächen steigt ganz zwangsläufig. Aus einem eventuell noch kleinräumigen temporären Problem wird dann ein Dauerproblem auf großer Fläche, mit allen nachteiligen Folgen für Waldbesitzer, Wild und Jagd. Gleichwohl gibt es auch „in geordneten Verhältnissen" immer wieder Situationen, die zum Zaunbau zwingen.

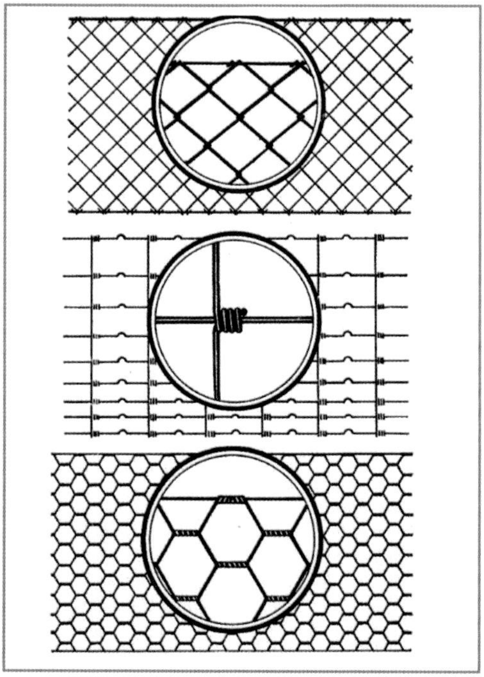

Unterschiedliche Geflechte: Viereckgeflecht (oben), Knotengitter (Mitte), Sechseckgeflecht (unten).

Zwei Zauntypen

Im Wald finden wir zwei unterschiedliche Zauntypen: den traditionellen Zaun, an dem der Draht – sinngemäß wie im Feld – an fest eingeschlagenen Pfählen (imprägnierte Fichte, Eiche, Kastanie, Robinie, Metallstab) befestigt wird, und den Hängestützzaun. Beide sollen das Wild von Kultur- und Verjüngungsflächen abhalten. Dort, wo mit Schälschäden gerechnet werden muss, bleiben Bestände gelegentlich auch dann noch hinter Zaun, wenn ihre Leittriebe bereits den Äsern des Wildes entwachsen sind. Während Zäune im Obst- oder Weinbau als Dauereinrichtungen geplant werden und entsprechend stabil sein müssen, sollen Zäune im Wald mehrheitlich 10 bis 15 Jahre halten.

Bei einer geplanten Zaunhöhe von 1,5 m (Rehwildzäune) müssen die Stützen 2,0 m lang sein. Zäune, die Rot- oder Damwild abhalten sollen, müssen mindestens 1,8 m hoch und die Stangen 2,5 m lang sein. Muffelwild überfällt auch diese noch und verlangt 2,0 bis 2,5 m Zaunhöhe und 3,0 m lange Stangen.

Fester Zaun

Beim Bau fester Zäune wird zunächst die Zauntrasse grob gesäubert. Dann werden die Pfähle gesetzt. Diese sollen, wenn Sechseckgeflecht verwendet wird, 30 cm über die Oberkante des Geflechtes hinausragen. Die Eckpfähle werden in beiden Zugrichtungen mit schrägen Stützen gesichert. Um eventuell eindringendes Wild besser aus dem Zaun treiben zu können, empfiehlt es sich, zumindest an zwei Ecken Öffnungen vorzusehen. Hierzu setzen wir etwa 3 m neben dem Eckpfosten einen Torpfosten, der ebenfalls in Zugrichtung abgestützt wird.

Auf den überstehenden Pfählen wird ein rundum durchlaufender Spanndraht befestigt. Alle 2,5 bis 3,0 m wird dann das Geflecht mittels Bindedraht an den Spanndraht gebunden. Zum Einschlagen sind entweder eine Rammkatze oder ein Vorschlaghammer plus Trittleiter erforderlich. Sitzen die Pfähle, wird, an einer Ecke beginnend, das Geflecht – außenseitig – ausgerollt (eventuell Drahtschlitten) und mittels Drahtschlaufen (U-Haken) an den Pfählen angeheftet.

Hängestützzaun

Beim Hängestützzaun wird der Draht nicht von fest im Boden sitzenden Pfählen getragen, sondern von „Scheren“. Deren Vorteil ist, dass sie auch auf sehr stark skelettierten oder felsigen Böden passend

Konventioneller Zaun, bei dem das Drahtgeflecht mit U-Haken an festen Stützen befestigt wird. Tore sind wichtig, um eingedrungenes Wild auszutreiben oder Windwürfe zu entfernen. Die Tore sollten immer in einer wegnahen Zaunecke vorgesehen werden.

Hängestützzaun, bei dem meist Knotengitter verwendet wird. Dieses wird an den Stützen einfach eingehängt.

aufgestellt und jederzeit problemlos und schnell erneuert werden können. Jeweils zwei Stützen werden etwa 25 bis 30 cm vom oberen Ende her mit einem Nagel verbunden. Das Drahtgitter wird dann oberhalb der Verbindung einfach eingehängt. Durch unterschiedliche Spreizung der Stangen lässt sich der Zaun dem Gelände anpassen. Am Boden kann das Gitter mit Heringen oder an Stangen fixiert werden. Unter Umständen, je nach Verfügbarkeit und Anlieferung, können gesägte Latten preisgünstiger sein als Nadelholzstangen.

Die Scheren oder Hängestützen werden im Abstand von 5 bis 8 m (je nach Geländeverhältnissen und zu erwartender Schneelast) durch die oberste Masche des Gitters geschoben und soweit zusammengedrückt, dass das Gitter senkrecht hängt und den Boden berührt. In genau derselben Weise werden Reparaturen und Korrekturen durchgeführt.

Befestigung am Boden

Gräben und Mulden müssen mit Stangenmaterial verbaut oder versteint werden. Einige deutsche Bundesländer* verlangen für Zäune, die Schwarzwild abhalten sollen, Befestigung am Boden. Dies geschieht beispielsweise durch schwere, auf dem Boden liegende Stangen, an denen der Draht befestigt wird, oder durch Heringe.

Wenn kein oder nur wenig Schwarzwild vorkommt, genügt das Einschlagen von Heringen im Abstand von 2 bis 4 m, je nach Gelände. Als Heringe eignen sich Abschnitte aus Durchforstungsmaterial, die unterhalb der Quirle abgesägt werden, wobei zwei bis drei Aststummel als Haken erhalten bleiben. Oder man putzt die Stangen durch, längt die Heringe ab, spitzt sie an und schlägt in jeden schräg einen Nagel als Haken.

Zur Abwehr von Rehwild hat es sich bewährt, das verwendete Geflecht am Boden etwas nach außen gebogen aufliegen zu lassen. Dieser Überstand wächst rasch ein und bindet den Zaun besser an den Boden als Heringe oder Stangen. Dadurch wird weitgehend verhindert, dass sich Wild unter dem Zaun durchschiebt.

* Brandenburg, Hessen, Saarland, Sachsen und Sachsen-Anhalt. Niedersachsen verlangt die Befestigung am Boden generell, auch ohne Schwarzwildvorkommen.

Tore und Auslasse

Da vor allem größere Zäune kaum dauerhaft wildfrei gehalten werden können, ist der Einbau von Toren dringend erforderlich. Diese sind jedoch nur von Nutzen, wenn sie an Ecken eingebaut werden. Das Rehwild flüchtet nämlich, wenn es aus dem Zaun ausgetrieben werden soll, fast immer an diesem entlang und nimmt in seiner Panik nur höchst selten eine mitten in der Zaunflanke sitzende Öffnung an. Befindet sich die Öffnung in einer Ecke des Gatters und wird das Tor nach innen geöffnet, wird das Wild fast automatisch aus dem Zaun gelenkt.

Aufwändige Tore werden als Aushängegatter gebaut. Die einfachere Lösung sind zwei Drahtschlaufen am Eckpfosten (unten und oben) und eine Stange, die durch die Maschen des Knotengitters geschoben wird und unten wie oben etwa 10 cm übersteht. Die Überstände werden in die Drahtschlaufen des Eckpfostens gesteckt. Sechseckgeflecht wird einmal um die Stange herumgewickelt und mit U-Haken (Krampen) befestigt.

Sauklappen

In der Regel stört das Eindringen von Schwarzwild nicht. Es kann in den Zäunen durch das Vertilgen von Larven und Mäusen durchaus nützlich sein. Das Problem ist, dass es die Zäune auch dem Rehwild öffnet, das dann im Zaun seinen Einstand nimmt. Das können wir vermeiden, wenn wir dem Schwarzwild Einlässe (Pendelklappen) anbieten, die für Rehe nicht passierbar sind. Diese werden von den Sauen, wenn sie richtig platziert sind (innen und außen Deckung, gute An- und Auswechselmöglichkeit), sehr schnell angenommen.

Sauklappe, wie sie in Schwarzwildrevieren das Anheben des Zauns verhindern soll. Um den Sauen das Finden der Klappen zu erleichtern, wird anfangs innenseitig des Zauns etwas Mais vorgelegt.

Kontrolle

Zäune im Wald sind allgemein störungsanfällig und kontrollintensiv. Sie werden von schweren Ästen getroffen, bei Sturm fallen ganze Bäume über sie, und selbst die von den am Zaun wachsenden Bäumen rutschende Schneelast vermag sie niederzudrücken. Immer wieder scharren sich Hasen und Füchse untendurch, was in der Folge auch Rehen gelingt. Letztere werden dann in größeren Zäunen gerne Dauerbewohner und fallen oft nur durch ihren Verbiss auf. Kaum dicht zu halten sind Zäune in Schwarzwildrevieren, außer wir bieten ihnen Sauklappen an.

Daher sind regelmäßige Kontrollen nicht nur nach Sturm oder Nassschnee unerlässlich. Teilweise wird die Zaunkontrolle in den Pachtverträgen den Jagdpächtern oder Jagdgesellschaften übertragen.

Hier hat Schwarzwild den Zaun hochgehoben. In der Folge schlüpfen auch Rehe in die gezäunte Fläche.

EINZELSCHUTZ JUNGER WALDBÄUME VOR VERBISS

Grundsätzlich

Der Idealzustand ist, wenn es keiner Schutzmaßnahmen bedarf. Allerdings kann auch ein dem Wald angepasster Wildbestand in besonderen Fällen Schutzmaßnahmen erforderlich machen. Dafür sorgen Kalamitäten wie Schneebruch, Feuer, Windwurf,

Einzelschutz von Laubhölzern ist auch bei angepassten Wildbeständen notwendig, wenn es sich um Käferlöcher oder ähnliche Kleinflächen handelt.

Monosäulen stellen nur scheinbar eine einfache Lösung dar. Sie sind teuer und müssen zumindest in schneereichen Gegenden zusätzlich verpflockt werden. Meist werden die Laubhölzer, sobald sie die Hüllen oben verlassen, dennoch verbissen. Bei Schnee werden sie vielfach geknickt.

Bei Nadelhölzern werden meist nur die Terminaltriebe gestrichen.

Eisbruch oder Käferbefall. Kleine Kalamitätsflächen innerhalb eines Bestandes, beispielsweise „Käferlöcher“, werden häufig mit raschwüchsigen Baumarten ausgepflanzt. Dies geschieht häufig mit Bergahorn, aber auch mit Douglasien. Beides sind Arten, die bevorzugt gefegt und überdies verbissen werden. Sie tun sich auf Kleinflächen ohne Schutz schwer. Förster und Waldbesitzer verlangen dann vom Jäger meist, den Verursacher umgehend zu erlegen. Wie wir nachfolgend noch sehen, klingt das zwar logisch, ist es aber nicht. Der Waldbesitzer ist also gut beraten, solche Pflanzungen zu schützen. Meist wird Einzelschutz praktiziert; ist die Fläche jedoch etwas größer und lässt es das Gelände zu, kann auch ein kleiner Zaun angesagt sein.

Monosäulen (Wuchshüllen)

Teilweise findet man Einzelschutz auch großflächig in Form von Monosäulen. Wer sich zu einer so aufwändigen Schutzmaßnahme entschließt, tut gut daran, sich vorher auf vergleichbaren Flächen vom Erfolg zu überzeugen. Problematisch sind die Monosäulen überall dort, wo mit hohen Schneelagen zu rechnen ist. Sie werden in schneereichen Lagen häufig samt den Pflanzen umgedrückt. Monosäulen sind zudem nicht für Nadelhölzer geeignet. Wenig Nutzen bringen sie bei hohen Schalenwildbeständen, denn viele Laubhölzer werden schlicht abgefressen, sobald sie oben den Säulen entwachsen. Da Laubhölzer in den Säulen auch kaum Seitentriebe entwickeln, ist ein Leittriebverbiss häufig schwerwiegender als bei ungeschützten Bäumchen.

Ähnlich, aber deutlich teurer sind Baumschutz-Netzhüllen. Während die Monosäulen teilweise ohne zusätzliche Stütze übergestülpt werden, erfordern Netzhüllen einen Pfahl, an dem sie befestigt werden. Die Befestigung erfolgt am schnellsten und preisgünstigsten mit Kabelbindern. Ein Nachteil ist, dass sich der Schnee im Gitter festsetzt und dieses niederdrücken kann.

Drahthosen

Drahthosen sind in der Herstellung verhältnismäßig teuer, wobei es auch fertige Gitter (Baumschutz-Gitterhüllen) zu kaufen gibt, die den Jungbäumen nur übergestülpt werden müssen. Ein Holz- oder Kunststoffpflock sorgt für Stabilität. Problematisch sind Drahthosen in schneereichen Lagen, da sie häufig heruntergedrückt werden. Im Gegensatz zu den Monosäulen lassen Drahthosen die Entwicklung von Seitenästen zu. Sie bieten daher auch Nadelbäumchen Schutz.

Kunststoffkronen

Der Fachhandel bietet eine ganze Palette von Einzelschutzvorrichtungen. Die meisten sind allerdings teurer als die Monosäulen. Für Nadelhölzer gibt es „Kronen" bzw. „Verbissschutzkappen" aus buntem Kunststoff, die über den Leittrieb geklemmt werden und diesen ziemlich sicher schützen. Sie sind, im Gegensatz zu chemischen Mitteln, angenehm, da absolut sauber. Auch der Jäger kann immer einen kleinen Vorrat mitführen und bei Bedarf aufsetzen.

Chemische Mittel

Alle industriellen Verbissschutzmittel müssen amtlich zugelassen sein und eine Prüfnummer haben. Sie sind vergleichsweise preisgünstig, müssen aber alljährlich neu aufgetragen werden. Ihr Vorteil gegenüber den Kunststoffkronen ist, dass – vor allem im Spritzverfahren – auch die Seitentriebe geschützt werden können. Der Auftrag der chemischen Mittel erfolgt händisch (Gum-

Diese Drahthose soll eine junge Weißtanne schützen. Gelingen wird das wahrscheinlich nicht, weil der Schutz viel zu niedrig ist; das Wild kann von oben den Leittrieb verbeißen und durch die viel zu großen Maschen auch die Seitentriebe.

Kunststoffkronen sind wiederverwendbar.

Je nach Konsistenz können chemische Verbissschutzmittel gespritzt oder gestrichen werden (Doppelbürste oder Gummihandschuh).

Ein billiges Hausmittel stellt Schafwolle dar. Nachteilig ist, dass sie mitunter vom Schnee nach unten gedrückt wird und dabei die Terminalknospe freigibt.

mihandschuh), durch Streichen (diverse Bürsten) und durch Spritzen.

Hausmittel

Hausmittel finden heute immer weniger Anwendung, weil es immer weniger Bauern gibt und weil viele von ihnen reine Ackerbauern wurden. Früher war beispielsweise Schweinejauche Bestandteil vieler Hausmittel, ebenso Rinderkot. Alle Hausmittel haben den Nachteil einer im Vergleich mit industriellen Mitteln geringeren Haftfähigkeit. Daher eignen sie sich nur für wintergrüne Nadelhölzer, also Fichte, Tanne und Kiefer. Bei diesen Holzarten sorgen die Nadeln für Halt. Der Vorteil der Hausmittel liegt im niedrigen Preis.

Hier sollen nur zwei „relativ appetitliche" Rezepte genannt werden. Das erste Mittel kann sowohl gestrichen als auch gespritzt werden. Will man spritzen, muss eventuell noch mit Wasser verdünnt werden. Das zweite Mittel eignet sich, des enthaltenen Sandes wegen, nur zum Streichen. Der Verbrauch dieser beiden Hausmittel liegt bei 3 bis 6 kg für 1.000 Pflanzen.

45 kg Malerkalk
50 l Wasserglas
5 l Petroleum
600 g Adhäsit*

* Adhäsit verbessert die Haftfähigkeit des Streichmittels.

30 kg Malerkalk
20 kg feiner Sand
55 l Wasserglas
4 l Leinöl
100 cm³ Steinöl

Schafwolle

Schafwolle ist ein altes, tausendfach bewährtes und vor allem billiges Mittel, zumindest dann, wenn kein Lohn für das

Tabelle 6

Mittel gegen Wildschäden im Forst und in der Landwirtschaft

Mittel/ Zulassung	Hersteller	Verwendung	Technik	Wirkungsdauer	Wirkstoff
Verbissschutzmittel					
Arbinol® B, D	Cheminova Deutschland 21683 Stade	Laub- und Nadelholz im Forst, im Wein- und im Gemüsebau	streichen	Sommer 6–8 Wochen, Winter 4–6 Monate	Bidrex
Certosan A, D	Flügel GmbH 37520 Osterode	Laub- und Nadelholz im Forst und im Obstbau	streichen, spritzen, tauchen	Sommer 6–8 Wochen, Winter 4–6 Monate (auch gegen Nageschäden)	Blutmehl
Cervacol® extra A, D	Cheminova Austria GmbH 8042 Graz	Laub- und Nadelholz im Forst	streichen	Winter 4–6 Monate	Quarzsand
Kombinierter Verbiss-, Nage-, Schäl- und Fegeschutz					
Flügol weiß	Flügel GmbH 37520 Osterode	Fege-, Verbiss- und Nageschäden	streichen, spritzen	als Fegeschutz 2x jährlich, als Verbissschutz 1x jährlich	
Trico® A, D [1)]	Kwizda Agro 1011 Wien	Laub- und Nadelholz im Forst, im Obst-, Hopfen- und Weinbau sowie an Beerenobst	spritzen	maximal 2 Jahre	Schaffett
Wörba [2)] A, D	Flügel GmbH 37520 Osterode	Laub- und Nadelholz im Forst, im Obstbau, an Beerenobst, an Einzelbäumen	streichen	als Schäl- und Nageschutz 12–15 Jahre	Quarzsand
Schäl- und Nageschutz					
Cervacol Extra PA	Cheminova Austria GmbH 8042 Graz		streichen		Quarzsand
Proagro-Schäl-Fraßstopp A, D	Proagro GmbH 91183 Abenberg	Laub- und Nadelholz im Forst, im Obstbau und an Einzelbäumen	streichen	langjährig, bis 10 Jahre	Quarzsand
Weißanstrich für Obst- und Einzelbäume					
Arbo-Flex 7 plus	Flügel GmbH 37520 Osterode	Laub- und Nadelholz im Forst, im Obstbau, an Hopfen, Reben und Beerenobst	streichen	bis 5 Jahre	
CortiFlex	Witasek 9560 Feldkirchen	Weißanstrich an Obstbäumen	streichen	mehrjährig, bis 5 Jahre	
Proagro-Baumweiß	Proagro GmbH 91183 Abenberg	Weißanstrich an Obstbäumen, Verbissschutz	streichen	mehrjährig, bis 5 Jahre	

1) In Deutschland auch Zulassung gegen Nageschäden

2) Nicht als Verbissschutzmittel zugelassen

Aufbringen bezahlt werden muss. Vielfach übernehmen diese Arbeit die Jäger ja kostenlos. Schafwolle eignet sich vorzugsweise für den Leittriebschutz bei Nadelhölzern. Die Wolle stinkt nach Schaf, was das Schalenwild abhält. Je verschmutzter die Wolle ist, umso besser wirkt sie. Überdies ist die beim Verbiss zwangsweise mitaufgenommene Wolle dem Wild im Maul (Äser) unangenehm, da sie sich mit den Zähnen nicht zerkleinern lässt.

An Laubhölzern hält Wolle jedoch schlecht, wird von starkem Wind heruntergerissen oder vom Schnee herabgezogen.

FEGESCHUTZ-MASSNAHMEN

Grundsätzlich

Wo es gilt, kleinere Flächen vor Fegeschäden zu schützen, tritt häufig Einzelschutz in Verwendung. Das können Drahthosen, Monosäulen oder chemische Streich- bzw. Spritzmittel sein. Grundsätzlich helfen alle Einzelschutz-Maßnahmen nur den individuell geschützten Jungbäumen, nicht aber der für das Wild wichtigen Begleitflora. Vielfach ist es jedoch so, dass gerade bäuerliche Waldbesitzer auf „Sauberkeit" bedacht sind und wirtschaftlich uninteressante Holzarten entfernen. Damit zwingen sie die Böcke geradezu, an wichtigen Hauptbaumarten zu fegen. Es hilft auch nichts, wenn der Waldbesitzer nur in bestimmten, forstlich weniger interessanten Ecken Weichhölzer und Sträucher in größerer Zahl stehen lässt.

Die Rehböcke fegen nur von März bis Ende Juli. In dieser Zeit sind sie nämlich – hormonbedingt – territorial. Dann hat jeder erwachsene Bock ein eigenes kleines Revier, das er gegenüber Artgenossen verteidigt. Die Grenzen ihrer Reviere markieren die Böcke, indem sie fegen. Dabei hinterlassen sie Duftstoffe, die von anderen Rehen „gelesen" werden. Der Bock kann also nicht in irgendeine entferntere Ecke des Waldes ziehen, um dort an Salweide und Haselsträuchern zu fegen. Das lassen seine Nachbarn, die ja auch ihre Reviere verteidigen, einfach nicht zu.

Mechanischer Schutz

Wo Jungbäume mittels Zaun oder mechanischem Einzelschutz gegen Verbiss geschützt sind, können sie auch nicht gefegt werden. Manchmal ist jedoch der Verbiss gar kein Problem, wohl aber werden bestimmte Holzarten stark befegt. Davon sind die stark harzenden Baumarten Lärche, Zirbe und Douglasie besonders betroffen. Zu ihrem Schutz sind im Handel Drahtspiralen erhältlich, die Rehböcke zuverlässig abhalten und mit wenig Zeitaufwand den Jungbäumen umgelegt werden können. Leider verrotten sie nicht und werden in der Landschaft zum Problem, wenn sie nicht rechtzeitig entsorgt werden. Gelegentlich wachsen sie auch ein.

Für Laubholz werden Kunststoffspiralen angeboten, die in Längen von 60 cm bis 150 cm erhältlich sind. Sie haben den Vorteil, dass sie sich dehnen und sich der wachsenden Stammstärke anpassen. Überdies sind sie auch bei besonders steinigen Böden kein Problem.

Für Laub- und Nadelholz gleichermaßen geeignet sind „Stachelbäume" aus Metall, die dicht neben der Pflanze in den Boden gesteckt werden. Sie können später wieder mühelos entfernt und auch mehrfach verwendet werden.

Kleinere Waldbesitzer schützen fegegefährdete Jungbäume oft recht einfach mit unten angespitzten Latten, die dicht neben den Stämmchen in den Boden geschlagen werden. Manche versuchen die Wirkung durch zusätzlich ins Holz geschlagene Nägel zu erhöhen. Bei größerem Bedarf werden Herstellung und Ausbringung schnell teurer als die im Handel erhältlichen Stachelbäume.

Chemischer Schutz

Neben diesem mechanischen Fegeschutz sind im Handel auch chemische Mittel erhältlich. Sie schützen teilweise gleichermaßen vor Wildverbiss und Fegeschäden. Chemische Mittel müssen jährlich neu aufgetragen werden. Über die geeigneten Mittel informieren das Internet, die Waldbesitzervereinigungen und die Forstaufsichtsbehörden.

Schutz durch höheren Abschuss

Je mehr Rehböcke in einem gewissen Raum leben, umso intensiver fegen die einzelnen Böcke. Häufig führen Fegeschäden, die an horstweise gepflanzten Laubhölzern entstehen (z. B. Bergahorn in einem Käferloch), zur Forderung, jeden dort auftauchenden Bock zu erlegen. Das ist viel leichter gesagt als getan. Doch selbst wenn der Jäger in einem solchen kleinen Bereich drei Böcke in Folge erlegt, kann er nicht verhindern, dass jedem erlegten Bock schnell ein anderer nachrückt und dass jeder seine eigenen, neuen Fegemarken setzt. Daher werden in Summe meist mehr und nicht weniger Jungbäume gefegt! Dieser Umstand wird von Waldbesitzern und Förstern häufig völlig außer Acht gelassen.

Um es einfach und verständlich auszudrücken: Zweifellos entstehen bei geringer Rehwilddichte weniger Fegeschäden als bei hoher Dichte. Leben aber auf einer bestimmten Fläche zwei Böcke und auf einer anderen exakt ebenso großen Fläche vier Böcke, verdoppeln sich die Fegemarken nicht nur, denn mit zunehmender Dichte steigen auch die Anlässe, die zum Fegen führen (Stress mit Nachbarn).

Fällt nun in der genannten Zeit ein Rehbock aus, weil er erlegt oder überfahren wurde oder anderweitig ums Leben kam, stellt sich in kürzester Zeit ein Nachfolger ein. Der setzt dann zwangsweise neue Fegemarken, um seine Anwesenheit und Besitzansprüche zu dokumentieren.

Es ist daher eher kontraproduktiv, die Zahl der Böcke während der Fegezeit zu reduzieren. Wenn, dann macht nur eine Absenkung außerhalb der Fegezeit Sinn, wenn sie sich nicht nur auf die Böcke beschränkt. Denn wird nicht gleichzeitig die Zahl des weiblichen Wildes abgesenkt, wird die Lücke bei den Böcken schnell wieder aufgefüllt.

Die Zahl der Rehböcke sinkt mittelfristig auch dann, wenn genügend männliche Kitze erlegt werden, was vielen Jägern immer noch mental schwerfällt. Der Forderung nach einer Verringerung des Wildbestandes stehen jagdliche Traditionen und gesetzliche Vorgaben entgegen.

In weiten Teilen Europas sind die Jagdzeiten von männlichen und weiblichen Rehen zwar angeglichen. In Österreich ist das nicht der Fall und in Deutschland nur in einem Teil der Bundesländer. Das erschwert die Abschusserfüllung im Herbst und verhindert Bewegungsjagden, weil viele Jäger Angst haben, versehentlich einen Bock zu erlegen.

SCHUTZ VOR SCHÄLSCHÄDEN

Grundsätzlich

Schälschutzmaßnahmen sind immer teuer, weil arbeitsintensiv. Daher begnügt sich der Waldbauer in der Regel mit dem Schutz der Z-Bäume*, wobei immer an eine gewisse Reserve zu denken ist. Es muss ja mit Ereignissen gerechnet werden, denen auch Z-Bäume zum Opfer fallen. Ein Problem ist, dass bei hohen Rotwildbeständen Nadelhölzer, insbesondere Fichten, vielerorts bereits im Dickungsalter geschält werden. Das schränkt die Wahl der Mittel stark ein und erhöht die Kosten.

Da die Bäume rund 30 Jahre schälgefährdet sind, müssen – so sich an der Wald-Wild-Situation nichts ändert – alle Schutzmaßnahmen mit Ausnahme des Zauns mehrfach wiederholt werden.

* Z-Bäume sind jene 800 bis 1.000 Stämme, die später auch noch im Altbestand vorhanden sein sollen.

Vor allem junge Lärchen werden gerne mit einem dicht beim Stamm eingeschlagenen Holz (Latte mit Nägeln, Rundholz oder Rauwipfel) vor Fegeschäden geschützt. Der Lärche auf dem Bild hat es nichts genutzt, sie wurde dennoch vom Rehbock gefegt.

Grüneinband

Dieses früher häufig angewandte, arbeitsintensive Verfahren kommt heute nur noch vereinzelt bei Fichte, Douglasie sowie Weißtanne und fast nur im bäuerlichen Wald zur Anwendung. Um den Jungbaum wird bodennahe ein „Einbindering" gelegt. Dabei handelt es sich um zwei jeweils mit einem Handgriff versehene, einhängbare Halbringe aus Metall, mit denen die Äste nach oben gebogen* werden. Notwendig sind zwei Arbeitskräfte, die den Einbindering nach oben schieben und die Äste mit starkem Draht binden. Dieser wird zunächst an einem starken Ast oben oder unten angebunden und dann spiralig um den Baum geführt. Die Äste werden dabei stark angedrückt. Pro Stamm sind drei bis vier Bindungen notwendig. Hernach bilden die Äste einen festen Kranz und sicheren Schutz. Bei Bäumen mit einer zu lockeren Beastung müssen gelegentlich Äste nicht geschützter Bäume (Fremdreiser) abgeschnitten und mit eingebunden werden. Das Einbinden kann ganzjährig, außer bei starkem Frost erfolgen.

*Teilweise werden die Äste auch von oben nach unten eingebunden.

Ein solcher Grüneinband hält längstens zehn Jahre. Die Bäume sind dann etwa 20 Jahre alt, und ihre Stämme müssen anderweitig geschützt werden. Dies kann chemisch, mechanisch oder biologisch erfolgen.

Je nach Alter und Dichte des Bestandes sind zum Einbinden einer Fichte, Tanne oder Lärche zwischen 8 und 18 Minuten Zeit erforderlich. Sind an den zu schützenden Bäumen keine grünen, biegsamen Äste in erforderlicher Zahl vorhanden, treten an deren Stelle trockene Äste. Man spricht dann von Trockeneinband.

Wir müssen nicht viel rechnen, um zu erkennen, dass schon das Einbinden eines Dutzend Fichten ungleich teurer ist als die Summe, die für einen Hektar an Jagdpacht bezahlt wird!

Kratzen und Hobeln

Für beide Verfahren sind im Forstfachhandel entsprechende Geräte (Rindenkratzer und Rindenhobel) erhältlich. Beide eignen sich nur für Nadelholz und können nur in der Zeit von Mitte April bis September angewendet werden, also in der Zeit starken Harzflusses. Die zu schützenden Stämme werden meist vor dem Hobeln geastet (Rotwild mindestens 2 m, Muffelwild 2,5 m), was aber nicht zwingend erforderlich ist.

Ziel ist die Verletzung der Rinde durch flache, maximal 5 cm lange Verwundungen der Rinde. Diese dürfen jedoch nicht tiefer gehen als die halbe Rindenstärke. Auf keinen Fall darf das unter der Rinde liegende Kambium beschädigt werden. Die Eindringtiefe des Kratzers wird durch den Druck des Bearbeiters vorgegeben. Beim „Rindenhobel nach Gerstner“ kann die Tiefe eingestellt werden.

Die Rindenverletzung löst zunächst einen Harzfluss aus und nachfolgend eine Verborkung der Rinde. Wenn die Maßnahme nicht später als bis Mitte Juli erfolgt, ist der Harzfluss bereits im ersten Jahr als Schälschutz ausreichend. Mit der eintretenden Verborkung wird ein dauerhafter Schutz erreicht.

Schälschutznetze

Im Gegensatz zu den beiden vorgenannten mechanisch-biologischen Verfahren lassen sich mit Schälschutznetzen (Schälwickel) auch Laubhölzer schützen. Die Anbringung ist ganzjährig und witterungsunabhängig möglich. Diese Polynetze sind dehnbar, meist 10 bis 15 cm breit und werden auf

Schälschutznetze sind relativ schnell angebracht und gut dehnbar; sie passen sich dem Stärkenwachstum der Stämme an.

Auf Pflöcke gespritzter Montageschaum dient als Träger für chemische Mittel, die landwirtschaftliche Kulturen vor Schwarz- und Rotwild schützen und Wildverluste an Straßen verhindern sollen. Ein Problem ist der Gewöhnungseffekt des Wildes. Die Wirkung hielt bei uns teilweise nur eine Nacht vor.

Rollen geliefert. Durch ihre Dehnbarkeit passen sie sich dem Dickenwachstum an. Sie sind einfach und ohne Vorastung anzubringen. Ihre Haltbarkeit ist allerdings mit etwa fünf Jahren begrenzt.

Chemischer Schälschutz

Neben technischen Mitteln zur Verhinderung von Schälschäden kommen auch chemische zur Anwendung. Dabei dürfen auf Flächen, die für die Allgemeinheit bestimmt sind, nur geprüfte und zugelassene Mittel verwendet werden. Da die Zulassung immer befristet erfolgt, ist darauf zu achten, dass Restbestände, die verwendet werden sollen, auch noch zugelassen sind.

Der Vorteil dieser Mittel liegt darin, dass auch die Wurzelanläufe geschützt werden können, was bei Polynetzen nicht der Fall ist. Die Wirkung der Mittel beruht teilweise auf Quarzsand (z. B. Wörba). Sie können daher nicht gespritzt, sondern nur aufgestrichen werden. Hierzu eignen sich spezielle Bürsten mit einer angepassten Borstenstärke, die einen gleichmäßigen Sandauftrag ermöglichen.

Ein Universalmittel, das sowohl als Schälschutz wie gegen Fege- und Verbissschäden Verwendung findet, ist Trico®. Es ist sandfrei und kann folglich auch gespritzt werden.

Beide Mittel eignen sich auch gegen Nageschäden an einzelnen Bäumen durch Biber. Hier kann es auch um Verkehrssicherheit an Straßen oder im bebauten Gebiet gehen. Der Schutz größerer Flächen ist damit nicht möglich. Die Wirkungsdauer wird von den Herstellern mit bis zu 15 Jahren (Wörba) und zwei Jahren (Trico®) angegeben. Voraussetzung ist, dass der Auftrag des Mittels bei geeigneter Witterung erfolgt, nicht bei Regen oder Temperaturen unter + 8 °C.

Einfluss der Jagd

Dem Einfluss der Jagd auf das Verhalten des Wildes und letztlich auf die von ihm verursachten Schäden wird viel zu wenig Bedeutung beigemessen. Bei Rot-, Dam- und Sikawild handelt es sich um sensible Tiere mit einem hohen Lernvermögen, die sich überdies in Rudeln organisieren. Gerade diese Rudelbildung und die in den Rudeln herrschende Hierarchie begünstigen die Verarbeitung von Erfahrungen und die Bildung neuer Verhaltenstraditionen.

Deutschland leistet sich beim Rotwild eine neunmonatige Jagdzeit, in Österreich sind es immer noch acht Monate. Aber auch das ist vielfach reine Augenauswischerei, denn die reguläre Jagdzeit wird vielerorts durch Ausnahmeregelungen verlängert, so dass es teilweise zu satten elf Monaten Bejagung kommt. Zusätzlich gibt es noch die lokale Aufhebung des Nachtjagdverbotes, wobei legalisierte Nachtjagd Mond oder Schnee voraussetzt. Seit einigen Jahren finden immer häufiger Zielfernrohre mit Nachtsichtfunktion Verwendung. Deren Verwendung ist zwar weitgehend verboten (Ausnahmen gibt es teilweise für Schwarzwild), gleichwohl sind sie frei erhältlich und erfreuen sich steigender Beliebtheit. Damit schrumpft die Zeit, in der sich das Wild tatsächlich sicher fühlen kann, dramatisch. Es wird durch diese aktionistische bis chaotische Jagd „eingesperrt“ – dort, wo es fast gezwungen ist zu schälen!

Wissenschaft und Praxis haben für jede Verlängerung der Jagdzeit und für jede Aufhebung sachlicher Verbote wie beispielsweise die Nachtjagd durchaus nachvollziehbare Gründe. Doch in der Summe ist diese Praxis für das Wild wie für den Wald und letztlich auch für die Jagd desaströs.

SONSTIGE WILDABWEHR

Geruchliche Vergrämung

Es gibt eine ganze Reihe geruchlicher Vergrämungsmittel. Sie alle kennzeichnet der Nachteil, dass sich Wildtiere sehr rasch an sie gewöhnen. Das, was für die vergleichsweise unsensible menschliche Nase unerträglich stinkt, stecken Wildtiere, mit einem hundertfach besseren Riechvermögen, scheinbar locker weg. Diese Erfahrung machte der Verfasser schon vor einem halben Jahrhundert mit dem damals marktführenden Mittel Kornitol. Auch wenn die heute auf dem Markt befindlichen Mittel eine höhere Wirkung erzielen, so eignen sie sich eher für den kurzzeitigen Einsatz. Denn auch an sie gewöhnen sich so sensible Arten wie das Rotwild relativ rasch.

Haare in einem kleinen Kunststoffnetz, wie es im Lebensmittelhandel zur Verpackung von Zitrusfrüchten oder Zwiebel verwendet wird.

Als „Hausmittel" gelten nach wie vor Menschenhaare, die bei jedem Friseur kostenlos erhältlich sind. Teilweise werden sie sogar von Behörden zur Wildabwehr empfohlen. In der Praxis hat sich aber gezeigt, dass sie Wildtiere, wenn überhaupt, auch nur sehr kurzfristig abschrecken.

Optische Vergrämung

Auch die optische Vergrämung funktioniert, wenn überhaupt, nur kurzfristig, egal, ob es sich um im Wind flatternde rotweiße Absperrbänder oder um Lichtsignale handelt.

Wir machten in den 1970er Jahren umfangreiche Versuche sowohl mit optischer wie mit geruchlicher Vergrämung. Dabei ging es immer um den Schutz im Wald liegender Äsungsflächen (Wildwiesen, Wildäcker) im Rahmen eines Versuchsprogrammes. Auch die Kombination von optischem Reiz mit unangenehmem Geruch zeigte geringe Wirkung. So konnten beispielsweise durchschwitzte Kleidungsstücke (Hemden und Unterhemden), bei versuchs- und abschnittsweise ausgezäunten Wildäckern, Reh- und Rotwild nie länger als eine Nacht abhalten. In dieser Zeit hatte das Wild die Ungefährlichkeit der Kleidungsstücke erkannt, auch wenn diese sich – frei aufgehängt – im Wind bewegten.

Akustische Vergrämung

In den 1960er Jahren versuchten wir mit einem Purivox genannten Gerät Rot- und Schwarzwild von Kartoffel- und Getreideäckern abzuhalten. Dieses wurde direkt in den zu schützenden Flächen aufgestellt. Karbid entwickelte Gas, das durch einen Funken entzündet wurde. Ein Blechrohr sorgte für entsprechende Schallverstärkung. Die gleichbleibenden Intervalle, in denen eine Mechanik einen Zündfunken auslöste, konnten individuell eingestellt werden.

Der Abschreckeffekt hielt nie mehr als einige Nächte an. Dann hatten sich Rot- und Schwarzwild daran gewöhnt und die Harmlosigkeit erkannt. Zuerst suchten sie nur etwas weiter entfernte Äcker auf, schließlich ästen sie in der Dunkelheit ziemlich dreist in unmittelbarer Nähe der Purivox. Bessere Erfolge hatten wir mit der Kombination von Purivox und sporadisch in der Nacht erscheinendem Menschen und Jagdhund.

Das Nachfolgegerät Purivox Triplex ist nach wie vor im Handel erhältlich, findet aber hauptsächlich im Weinbau Verwendung. Dieses Modell ist technisch ausgereifter und gibt drei Schüsse in unregelmäßigen Abständen ab. Es hat eine elektronische Programmuhr, mit der die Vergrämungszeiten festgelegt werden können. Im Weinbau wird es – da nur am Tage eingesetzt – auch von der Mehrheit der ansässigen Bevölkerung akzeptiert. Soll mit den gewaltigen Donnerschlägen jedoch das nachtaktive Schalenwild abgehalten werden, riskiert der Jäger oder Landwirt – vor allem in siedlungsnahen Revieren – eine „Mobilmachung" der Bevölkerung. Dann ist mit Protesten und Strafanzeigen von Anwohnern und nächtlichen Spaziergängern zu rechnen.

Der Hersteller verspricht eine Schutzwirkung bis 12 ha, je nach Geländeform. Die Lautstärke wird mit ca. 86 dBA bei 100 m Entfernung angegeben. Das klingt tolerabel, stellt aber in der sonst stillen Nacht, auch bei größerer Entfernung, eine erhebliche Belästigung dar.

Bei den weiter oben erwähnten Versuchen auf Wildäsungsflächen im Wald verwendeten wir auch die früher üblichen doppelglockigen Weckeruhren. Diese wurden zur Verstärkung auf Blechgefäse (z. B. Eimer) platziert und so eingestellt, dass sie erst in

Die Schussintervalle der Purivox Triplex V lassen sich elektronisch einstellen. Unterschiedliche Intervalle und eher sparsamer Einsatz erhöhen die Scheuchwirkung. Der Hersteller empfiehlt einen Abstand des Gerätes zu bewohnten Häusern von 1.000 m. Kupiertes Gelände kann die Reichweite des Schalls reduzieren.

später Nacht läuteten, dann, wenn sich das Wild vermutlich auf der zu schützenden Fläche aufhielt. Auch sie konnten das Rotwild nur wenige Nächte abhalten.

Reflektoren zur Vermeidung von Wildunfällen

In den letzten Jahrzehnten kam eine ganze Reihe unterschiedlicher Reflektoren auf den Markt. Diese wurden entweder an den Straßenbegrenzungspfählen oder an eigenen Holzpflöcken montiert. Die Erwartungen und Ankündigungen waren bei allen Reflektoren hoch, und es fehlte auch nie an positiven Erfahrungsberichten. Doch die Ergebnisse sind widersprüchlich. Ein tatsächlicher Rückgang des Verkehrsfallwildes war bisher, wenn überhaupt, nur kurzfristig festzustellen.

In Deutschland stellten Wissenschaftler der Universität Göttingen eine Studie vor, nach der die Wildunfälle auf mit blauen Reflektoren ausgestatteten Teststrecken im Schnitt um 60 % zurückgingen. In Österreich kam die Universität Wien zu einem ähnlichen Ergebnis.

Der Gesamtverband der Deutschen Versicherer (GDV), die Technische Universität (TU) Dresden und die Forstliche Versuchs- und Forschungsanstalt Baden-Württemberg (FVA) kamen zu einem kritischeren Ergebnis. Die FVA stellte fest, dass die Farbe Blau von Rehen nicht als Warnfarbe wahrgenommen wird. Bei Versuchen konnten weder Verhaltensänderung noch Fluchtreflexe festgestellt werden. Lichttechnische Untersuchung der TU Dresden zeigten sogar, dass Wildwarnreflektoren für Wildtiere überhaupt keine wahrnehmbaren Lichtreflexe in den Straßenseitenraum abstrahlen können. Auch internationale Studien konnten mehrheitlich keine Wirksamkeit von Reflektoren feststellen. Es ist daher nicht auszuschließen, dass auf den Teststrecken eher die Autofahrer ihr Verhalten änderten.

Blaue Reflektoren sollen Wildunfälle verhindern, aber seit ihrer Einführung sank in Österreich die Zahl nicht signifikant – sie stieg sogar leicht!

SCHÄDEN IM WALD

AUFNAHME VON SAATGUT

Grundsätzlich

Ob dem Waldbesitzer ein Schaden entsteht, wenn Wildtiere Früchte von Waldbäumen (Waldsamen) aufnehmen, hängt zunächst davon ab, ob eine Verjüngung der Samen tragenden Baumart am jeweiligen Standort momentan überhaupt notwendig ist. Auch muss der Standort eine Verjüngung zulassen. Er muss ausreichend Licht und ein geeignetes „Saatbeet" stellen. So kann man die Eiche in geschlossenen Baumhölzern nicht im Voraus verjüngen, wohl aber Buche und Tanne. Manche „Eichelfresser" tragen sogar ganz wesentlich zur Verbreitung der Eiche bei; sie „säen" die Eicheln in weitem Umkreis.

Dennoch können dem Waldbesitzer erhebliche Schäden entstehen, wenn Wild- oder Haustiere dort Waldsamen aufnehmen, wo Verjüngung dringend angesagt ist. Was Säuger oder Vögel fressen, geht eben zu Lasten der Naturverjüngung. Es liegt hier jedoch kaum ein einklagbarer Wildschaden vor. Die Verursacher sind nicht eindeutig zu bestimmen und die Verluste nicht zuweisbar. Es ist auch nicht quantifizierbar, in welchem Maße die gefressenen Samen keimfähig gewesen wären. Ebenso wenig lassen sich Verluste durch Witterungseinflüsse, etwa Fröste während der Keimphase oder Trockenheit, quantifizieren.

Wildschweine

Das Wirken des Schwarzwildes im Wald wird allgemein positiv beurteilt. Hervorgehoben werden der Verzehr von Schädlingen im Waldboden und die Vorbereitung desselben als Keimbeet für Waldsamen aller Art. Bei näherem Hinschauen entpuppt sich seine Rolle jedoch günstigenfalls als neutral. Zwar bricht es vergraste Waldböden auf, vertilgt Mäuse und Insektenlarven und bringt bei seinem Brechen auch Waldsamen unter die Erde. Dadurch wird deren Keimung erleichtert und sie werden gleichzeitig vor anderen tierischen Interessenten geschützt. Wildschweine nehmen aber auch große Mengen von Bucheckern und Eicheln als Fraß auf. In Jahren mit Vollmast mag das keine so große Rolle spielen. Bleibt eine solche jedoch mehrere Jahre aus, lassen die Wildschweine mitunter von den Spärlichkeiten an Waldsaat nicht mehr viel übrig.

In einer zweijährigen Untersuchung hat das Forstzoologische Institut der Univer-

Hier hat das Schwarzwild auf der Suche nach Fraß den Waldboden umgebrochen und damit ein günstiges Saatbeet geschaffen.

sität Freiburg versucht, die Verluste an Eicheln durch Schalenwild zu ermitteln. Dazu wurden in drei Beobachtungsgebieten 80 Versuchsparzellen eingezäunt, in denen das Schalenwild ausgeschlossen war. Die Zahlen der keimfähigen Eicheln und der Keimlinge innerhalb der gezäunten Flächen und auf angrenzenden freien Flächen wurden erhoben und miteinander verglichen. Die festgestellten Verluste waren beachtlich und betrugen nach einer Sprengmast im Jahre 2001 lokal mehr als 60 %. Es blieben nur ein Drittel der Eicheln übrig. Das erscheint auf den ersten Blick mehr als ausreichend. Tatsächlich aber kann dabei bereits ein Schwellenwert an keimfähigen Eicheln unterschritten werden, denn von den Keimlingen und Jungpflanzen wird ja noch ein ganz erheblicher Teil abgeäst. Gerade weil besonders guten Mastjahren mehrere mäßige oder gar schlechte folgen können, ist es wichtig, dass von dem Segen guter Mastjahre möglichst viel dem Wald zugutekommt. Hier können hohe Schwarzwildbestände – besonders in Wäldern mit einem geringen Anteil fruktifizierender Eichen und Buchen oder in Jahren mit geringer Mast – durchaus Einfluss auf die erwartete Verjüngung haben.

Wiederkäuendes Schalenwild

Alle Wiederkäuer nehmen Eicheln und Bucheckern mehr oder weniger intensiv auf. Für die Rehe stellen besonders Eicheln ein natürliches Kraftfutter dar, das zum Aufbau von Fettreserven dient, die im Winter von der Leber in Kohlehydrate umgebaut werden. Selbstverständlich sind auch Rot-, Dam- und Muffelwild an den Eicheln interessiert. Sie suchen aber nicht so zielgerichtet nach ihnen wie das Rehwild.

Damit gehen zwar Eicheln als Saatgut verloren, doch sorgen alleine die Eichelhäher für flächige Verbreitung der Eiche, da sie viele versteckte Eicheln nicht mehr finden.

Auch Bucheckern werden von den Wiederkäuern aufgenommen. Allerdings haben Buchen, wo sie in Altbeständen ausreichend vorkommen und der Schalenwildbestand nicht signifikant überhöht ist, kaum Verjüngungsprobleme. Mitunter ist es so, dass die Buche sich so dominant verjüngt, dass andere Baumarten unterdrückt werden.

Probleme kann es dort geben, wo im Schutzwald Gams vorkommen. Diese sind überdies tagaktiv und stellen sich im Herbst gerne bei Mast abwerfenden Buchen ein. Eichen findet man in höheren Lagen nicht mehr.

Theoretisch ist die Aufnahme von Waldmast nicht anders zu sehen als der Keimlingsverbiss – als Wildschaden. Während es schon schwer ist, einen wohl immer und überall stattfindenden Keimlingsverbiss zu quantifizieren, gelingt dies bei der Aufnahme von Waldsamen überhaupt nicht, weil auch zahlreiche Vögel und Kleinsäuger an Eicheln, Bucheckern, Ahornsamen u. a. interessiert sind. Der Keimlingsverbiss lässt sich grob durch Vergleich von Weiserzaun (siehe Seite 62) und Vergleichsfläche quantifizieren. Bei der Aufnahme von Waldsamen ist das kaum möglich. Folglich stellt sich hier auch nicht die Frage nach Schadenersatz.

Ringeltauben und andere Vögel

In guten Mastjahren fallen manchmal große Flüge von Ringeltauben in den Althölzern ein und pflücken die Eicheln gleich vom Baum oder lesen sie, ebenso wie die Bucheckern, am Boden auf. Solche Flüge können aus mehreren hundert Tauben bestehen. Wenn Tauben in so großer Zahl auftreten und einen bestimmten Bestand gar eine Woche oder länger aufsuchen, wird der Verjüngung eine Menge Saatgut entzogen.

Auch Eichelhäher erscheinen in mastreichen Jahren oft invasionsartig. Sie spielen eine ausgeprägte Doppelrolle. Einerseits fressen sie zwar bevorzugt Eicheln und dezimieren damit – vor allem wenn sie im Herbst in größeren Flügen durchziehen – die Waldmast. Andererseits gelänge ohne Eichelhäher der Eiche die Verbreitung ihrer flugunfähigen Samen (Aufschlag) nur unzureichend. Eichelhäher gehören nämlich zur Gruppe der „Scatterhoarder". Darunter verstehen Ornithologen und Wildbiologen Tiere, die Vorräte nicht wie die „Larderhoarder" in Sammellager bringen, sondern einzeln verstecken. Nur einen Bruchteil dessen, was sie sammeln, fressen sie auch. Den überwiegenden Teil verstecken sie. Auf durchschnittlich 32 frische Eicheln, die ein Eichelhäher pro Tag frisst, kommen bis zu 500, die er im selben Zeitraum versteckt.

CHETTLEBURGH [1952] beobachtete 35 Eichelhäher, die in zehn Oktobertagen ca. 200.000 Eicheln wegtrugen. Sie wählen zum Vergraben offene, lichte Teile eines Bestandes. Das kommt dem Lichtkeimer Eiche sehr entgegen. Da sie die Früchte in einem Abstand von 0,5 bis 15 m vergraben, betreiben sie regelrechte Flächensaat. Damit trugen sie in der Vergangenheit ganz wesentlich zu Erhalt und Verbreitung dieser Baumart bei.

In guten Mastjahren fallen oft hunderte Ringeltauben in Eichenbeständen ein, um zu ernten.

In manchen Jahren fliegen im Herbst invasionsartig Eichelhäher nach Mitteleuropa ein, die Unmengen an Eicheln verzehren. Ohne sie wäre aber die Verbreitung der Eichen schwer denkbar. Umso unverständlicher ist es, dass Häher immer noch geschossen werden.

Die dem Eichelhäher für die Eiche zugedachte Rolle übernimmt für die Zirbe und andere Nadelhölzer der Tannenhäher. Er verteilt die Zirbensamen über Distanzen von bis zu 15 km und über Höhenunterschiede von 700 m hinweg. In mittleren Samenjahren versteckt ein einziger Tannenhäher um die 100.000 Zirbennüsse, von denen er aber im Schnitt später nur 80 % selbst nutzt. Bleiben also immer noch 20.000 übrig. Selbst wenn von diesen noch ein Teil durch Mäuse oder Eichhörnchen gefunden und gefressen wird, so pflanzt ein einziger Tannenhäher doch mehr Zirben als die meisten Förster! Der Tannenhäher bevorzugt als Lager leicht erhöhte und sonnige Plätze, die schnell ausapern und das Wiederfinden erleichtern. Das sind häufig auch die besten Keimplätze für die Zirbe. Ohne Tannenhäher wäre die Verbreitung der Zirbe nicht möglich!

Zusammenfassend kann die Rolle beider Häher, obwohl sie in beträchtlichem Maße Waldsamen fressen, nur positiv bewertet werden.

Bucheckern finden auch bei Kleinvögel – vor allem Finken – Gefallen. Die meisten Finkenvögel bilden oft große, umherstreichende Flüge, die schon im Herbst in Buchenbeständen ernten.

Bergfinken erscheinen nicht jedes Jahr bei uns, am häufigsten aber in guten Buchenmastjahren.

In Summe haben Kleinvögel auf die Verjüngung eher dort Einfluss, wo fruktifizierende Buchen nur sparsam vertreten sind.

KEIMLINGSVERBISS

Grundsätzlich

Alle Wiederkäuer beteiligen sich am Verbiss junger Waldbäume, und zwar beginnend im Keimlingsstadium. Welche Baumarten verbissen werden, ist lokal ganz verschieden. Grundsätzlich sind Minderheiten besonders stark gefährdet. Wo sich die Tanne besonders stark verjüngt, zwischen ihr aber nur wenige Laubhölzer zu finden sind, werden diese bevorzugt verbissen. Häufiger ist aber die gegenteilige Situation gegeben, nämlich dass sich die Buche überreich verjüngt, Tanne, Eiche oder Buntlaubhölzer aber nur in geringer Beimischung vorhanden sind und total verbissen werden.

Rehwild

Dieser Art kommt beim Verbiss die größte Bedeutung zu. Rehe sind keine „Grasfresser“, die sich auf der Wiese relativ schnell den Pansen füllen, um danach ausgiebig zu ruhen und wiederzukäuen. Sie sind Selektie-

Viele Keimlinge von Buche (im Bild), Eiche und Tanne verschwinden bereits in den ersten Wochen nach Keimung. Nutzer sind nicht nur das Schalenwild, sondern auch Kleinnager, Hasen und Vögel.

10 cm hohe Jungtanne, die bereits zweimal verbissen wurde. Weißtannen sind sehr verbisshart und haben in der Jugend geringe Lichtansprüche.

rer, mit einem relativ kleinen Pansen. Daher haben sie sich auf die Aufnahme und Verdauung besonders nährstoffreicher Pflanzen oder Pflanzenteile spezialisiert. Das hängt auch mit ihrem Sozialverhalten zusammen. Sie leben – zumindest im Wald – einzeln oder in Kleinfamilien territorial. Ihre Lebensräume sind selten größer als 30 Hektar. Während das Rotwildrudel auf eine Wiese zieht und dort ähnlich den Rindern in breiter Front frisst (äst), suchen sich Rehe in ihrem relativ kleinen Wohnbezirk bevorzugt eiweißreiche junge Triebe, Knospen und Blüten.

Der Verbiss, insbesondere der Weißtanne und des Laubholzes, beginnt bereits im Keimlingsstadium und fällt häufig gar nicht auf. Denn was nicht mehr vorhanden ist, wird nicht mehr gesehen! Im Streubereich einer einzigen Samenbuche können im Frühjahr Tausende Buchenkeimlinge erscheinen, aber im Herbst sind nur noch einige wenige oder gar keine mehr vorhanden. Als Verursacher kommt das wiederkäuende Schalenwild generell in Betracht, vor allem aber das Rehwild.

Hasenartige und Kleinnager

Beim Keimlingsverbiss liegt zwar faktisch echter Wildschaden vor; ob er in der Praxis ersetzt werden muss, ist dennoch fraglich. Das Problem ist – wie beim Waldsamen – die schwierige Zuordnung der Verluste. Keimlinge werden nämlich auch vom Hasen, Kaninchen und sogar von Kleinnagern aufgenommen, wobei durch Hasen verursachte Schäden zumindest in Deutschland nicht ersatzpflichtig sind.

In Buchenwäldern treten häufig die Siebenschläfer in Erscheinung, die im deutschsprachigen Raum nicht zum jagdbaren Wild gehören. Folglich müssen von ihnen verursachte Schäden auch nicht ersetzt werden.

Vögel

Von den Vögeln äsen vor allem Ringeltauben Keimlinge. Auch die von ihnen verursachten Schäden sind in der Regel nicht ersatzpflichtig.

Weiserzaun

Eine Einrichtung, die wesentlich zu einer objektiveren Betrachtung beiträgt, stellt der von vielen Jägern ungern gesehene Weiserzaun dar. Dabei stehen gerade Weiserzäune nicht selten „auf der Seite der Jäger". Denn das Geflecht der Zäune hält zwar Schalenwild und Hasenartige ab, nicht aber Kleinnager und Vögel.

Weiserzaun, der zeigen soll, wie sich die Vegetation ohne Wildeinfluss entwickelt. Bei einer Seitenlänge von 6 m reicht eine Rolle Geflecht pro Zaun. Jäger sehen solche Zäune eher ungern, vergessen aber, dass sie von diesen durchaus auch entlastet werden können.

Wird der Terminaltrieb verbissen, reagieren die Jungbäumchen mit zwei oder mehr Seitentrieben, die sich als Steiltriebe aufstellen und so einen Zwiesel bilden.

Kiefern reagieren auf Leittriebverbiss meist empfindlicher als Fichte und Tanne.

Buchen kommen in der Jugend nicht nur mit relativ wenig Licht aus, sie reagieren auf Verbiss auch mit starker Verzweigung. Hier war – erkennbar an den glatten Schnitten – der Hase am Werk.

VERBISS VON JUNGBÄUMEN

Leittrieb- und Seitentriebverbiss

Auffälliger als der Keimlingsverbiss ist der an Jungbäumen. Bei ein- und zweijährigen Bäumchen handelt es sich fast immer um Leitriebverbiss, einfach, weil kaum Seitentriebe vorhanden sind und weil die Leittriebe bei Kleinpflanzen vom Wild am bequemsten aufgenommen werden können. Auf den Verbiss reagieren die einzelnen Baumarten ganz unterschiedlich. Manche Arten, besonders Eichen und Buntlaubhölzer, können als Einjährige bereits durch einmaligen Verbiss ausfallen. Buchen sind wesentlich härter. Sie reagieren bereits als Einjährige mit Verzweigung. Das ist wohl auch der Grund dafür, dass bei einigen Verbissaufnahmeverfahren erst Jungbäumchen über 10 cm Höhe aufgenommen werden.

Licht- und Dunkelkeimer

Buche und Weißtanne sind Dunkelkeimer, die Jahrzehnte im Schatten oder Halbschatten eines Baumholzes aushalten. Sie halten zwar länger aus, sind aber auch viel länger der Gefahr ausgesetzt, verbissen und letztlich gar totgebissen zu werden. Manche Buchen und Weißtannen erreichen kaum 1 m Höhe und sind zuweilen breiter als hoch. Sägt man sie bodentief ab und zählt die Jahrringe aus, stellt man fest, dass sie keineswegs so jung sind, wie ihre geringe Höhe uns glauben lässt. Eine nur meterhohe Buche kann durchaus 30 oder gar 40 Jahre alt sein.

Auch bei der Fichte, die bevorzugt im Licht keimt, finden wir solche „Pyramiden“. Sind sie so breit geworden, dass die Rehe den Terminaltrieb nicht mehr erreichen, schießt dieser meist unverzüglich in die Höhe.

Diese fast 2 m hohe Weißtanne wurde regelrecht zusammengefressen, nur den Terminaltrieb erreichte das Wild nicht – und sie wächst weiter!

Auch diese Waldkiefer wurde aller Seitentriebe beraubt, sie wird es wahrscheinlich nicht mehr schaffen.

Typische Entwicklung einer über Jahre stark verbissenen Fichte. Ständiger Leittriebverbiss führte zur Verbuschung, bis der Leittrieb vom Wild nicht mehr erreicht wurde. Erst dann verhalf ihr ein gut ausgebildetes Wurzelwerk zu großen Jahresschüben.

Die meisten Edellaubhölzer ertragen weder magere Lichtverhältnisse noch einen intensiven Verbiss.

Rehwild

Was für die Rehe gesagt wird, gilt mit gewissen Einschränkungen auch für alle übrigen wiederkäuenden Schalenwildarten. Gleichwohl übersteigt der Verbiss durch Rehwild den durch andere Arten. Warum das so ist, wurde schon weiter oben gesagt.

Die Wildwiederkäuer „gärtnern“ gewissermaßen. Ihr Seitentriebverbiss sorgt bei den meisten Baumarten dafür, dass die Oberfläche der verbissenen Pflanze wächst und mit ihr die Verbissmasse. Der Verbiss markiert die Pflanzen aber auch geruchlich, was dazu führt, dass verbissene Pflanzen immer wieder angenommen werden.

Der Verbiss endet, wenn es dem Terminaltrieb gelingt, dem Äser des Wildes zu entwachsen, und die unteren, vom Wild erreichbaren Seitentriebe in den Schatten geraten und an Geschmack verlieren.

Hasen und Wildkaninchen

Bis zu einer Höhe von etwa 50 cm sind die meisten Waldbaumarten auch durch Hasen und Kaninchen gefährdet, und dies, obwohl die Hasendichte im Wald meistens gering ist. In schneereichen Lagen können sowohl Feld- als auch Schneehase noch höher verbeißen.

Hasen haben feste Pässe, etwa vom Wald hinaus ins Feld oder zu einer Wiese. Entlang dieser Pässe ist meist Verbiss zu finden. Hasen verbeißen aber oft auch horstweise.

Wer war der Verursacher?

Wiederkäuer haben im Oberkiefer an Stelle der Schneidezähne eine Kauplatte. Sie können daher Pflanzen nicht glatt abschneiden, wie das die Hasenartigen und Nager tun.

Sie schaffen mit den Schneidezähnen ihrer Unterkiefer glatte Einschnitte, aber auf der gegenüberliegenden Seite müssen sie rupfen. Dadurch bleiben Fransen am Holz. Diese Feststellung ist dort besonders wichtig, wo durch Hasen verursachte Schäden nicht vergütet werden müssen.

Im Gebirge bestehen vielerorts noch Weiderechte. Das heißt, Vieh darf in den Wald getrieben werden und sich dort ernähren. Das ist wichtig zu wissen und zu erkennen. Das breite Kuhmaul selektiert nicht einzelne Knospen oder Triebspitzen, es rupft einfach. Auch Schafe und vor allem Ziegen zeigen ein weit gröberes Fressverhalten als Rehe und Hirsche. Vor allem die Ziegen richten sich überdies häufig auf den Hinterbeinen auf, um an Äste zu gelangen, die dem Rehwild nicht mehr zugänglich sind.
Liegt Schnee, zeigen uns die Fährten den oder die Verbissverursacher. Weidetiere, die sich nur während der Vegetationszeit im Wald aufhalten, hinterlassen fast immer leicht feststellbare Spuren, also Hufabdrücke und Kot.

Wenn Schalenwild verbeißt, bleiben an der Oberkante Fransen stehen. Hasenartige und Nager haben im Unter- und Oberkiefer nachwachsende, sich gegenseitig schärfende Nagezähne. Ihre Bisse sind beidseitig glatt.

Im Gebirge bestehen oft noch Weiderechte, die den Bauern gestatten, Vieh in den Wald zu treiben. Der dabei entstehende Verbiss ist nicht ersatzpflichtig. Das Problem ist, den Verbiss von Vieh einerseits und Schalenwild andererseits auseinanderzuhalten und gerecht zu bewerten.

Einzelschutz von Laubhölzern ist auch bei angepassten Wildbeständen notwendig, wenn es sich um Käferlöcher oder ähnliche Kleinflächen handelt.

FEGESCHÄDEN

Grundsätzlich

In fast jedem Revier treten von März bis Ende Juli Fegeschäden auf. Diese sind besonders ärgerlich, weil sie zumindest teilweise erst dann auftreten, wenn die Jungbäume bereits dem Äser des Rehwildes entwachsen sind. Das ist besonders häufig bei der Weißtanne der Fall. Welche Holzarten bevorzugt gefegt werden, kann von Revier zu Revier völlig unterschiedlich sein. Etwas verallgemeinernd lässt sich sagen: Bevorzugt werden a) Minderheiten und b) Weichhölzer sowie c) solche, die einen starken Saft- oder Harzfluss haben. Dominiert die Fichte und ist die Tanne relativ gering vertreten, wird diese bevorzugt gefegt. In den Dinarischen Tannen-Buchen-Wäldern, in denen die Fichte relativ selten vorkommt, wird diese der Tanne oft vorgezogen. Weniger gefährdet sind Harthölzer wie Eiche und Buche. In erhöhtem Maße werden Jungbäume dort gefegt, wo es an weichen Gehölzen wie beispielsweise Weiden (*Salix spec.*), Holunder (*Sambucus nigra*) oder Pulverholz (*Rhamnus frangula*) fehlt. Diese werden von bäuerlichen Waldbesitzern häufig herausgereinigt.

Neben den Fegemarken, die schnell zu Fegeschäden werden können, finden wir in Rotwildrevieren auch Schlagschäden. Diese sind keine Reviermarkierungen, wie sie die Fegemarken der Rehböcke darstellen. Ihre Verursacher sind Hirsche, die in einer Art „Übermut" mit ihren Geweihen auf Jungbäume einschlagen. Schlagschäden müssen ebenso ersetzt werden wie Fegeschäden.

Warum fegen Rehböcke?

Rehböcke fegen ihre vor allem innenseitig rauen (geperlten) Geweihstangen bevorzugt an Weichhölzern (Buntlaubhölzer, Holunder usw.) und stark harzenden Nadelhölzern. Sie bevorzugen dabei jene Arten, die eher selten in ihrem Lebensraum vorkommen. Bei diesem Vorgang verletzen sie die Rinde des Gehölzes und schaben sie teilweise rundum ab. Diese Verletzungen unterbrechen die Leitungsbahnen und führen zum Absterben des Gehölzes. Die Böcke setzen dabei nicht nur optische Marken. Sie streifen bei diesem Vorgang auch ein Sekret aus Drüsen ab, die in ihren Stirnlocken sitzen. Damit markieren sie in der Zeit von Mitte März bis etwa Ende Juli ihre Sommerreviere, die sie auch erbittert verteidigen.

Monosäulen stellen nur scheinbar eine einfache Lösung dar. Sie sind teuer und müssen zumindest in schneereichen Gegenden zusätzlich verpflockt werden. Meist werden die Laubhölzer, sobald sie die Hüllen oben verlassen, dennoch verbissen. Bei Schnee werden sie vielfach geknickt.

Je mehr Rehböcke in einem gewissen Raum leben, umso intensiver fegen die einzelnen Böcke. Um es einfach und verständlich auszudrücken: Leben auf einer bestimmten Fläche zwei Böcke und auf einer anderen vier Böcke, verdoppeln sich die Fegemarken nicht nur, denn mit zunehmender Dichte steigen auch die Anlässe, die zum Fegen führen (Stress mit Nachbarn).

Fällt nun in der genannten Zeit ein Rehbock aus, weil er erlegt oder überfahren wurde oder anderweitig ums Leben kam, stellt sich in kürzester Zeit ein anderer Bock ein. Dieser setzt dann zwangsweise neue Fegemarken, um seine Anwesenheit und Besitzansprüche zu dokumentieren. Dieser Umstand wird von Waldbesitzern und Förstern häufig völlig außer Acht gelassen. Zweifellos entstehen bei geringer Rehwilddichte weniger Fegeschäden als bei hoher Dichte. Es ist aber eher kontraproduktiv, während der Fegezeit sozusagen Böcke auszutauschen. Anlass für solche Forderungen sind häufig Fegeschäden, die an horstweise gepflanzten Laubhölzern entstehen (z. B. Bergahorn oder Douglasien in einem Käferloch). Auch wenn der Jäger in einem solchen kleinen Bereich drei Böcke in Folge erlegt, kann er nicht verhindern, dass jeder nachrückende Bock seine eigenen, neuen Fegemarken setzt.

Rot- und Damhirsche

Rot- und Damhirsche markieren ihre Reviere nicht mit Fegemarken, weil sie keine eigenen Sommerreviere beanspruchen, vielmehr bis zur Brunft in gleichgeschlechtlichen Rudeln leben. Sie fegen nur, um nach abgeschlossenem Geweihwachstum die eingetrocknete Basthaut von ihren Geweihstangen loszuwerden. Doch an Stelle des Fegens tritt bei ihnen das Schlagen. Dabei handelt es sich um „Übermuthandlungen“, bei denen es auch um die eigene Rangstellung im Rudel geht. Der Hirsch legt sich außerhalb der Brunft nicht ernsthaft mit Artgenossen an, sondern ersatzweise mit einem Gehölz. Das „Angenehme“ dabei ist, dass der fiktive Gegner meist mehrmals als „Blitzableiter“ dienen muss. Die Hirsche bearbeiten also gerne immer wieder dasselbe Gehölz. In Summe sind die Schlagschäden der Hirsche jedoch geringer als die Fegeschäden der Rehböcke – auch weil es meist weniger Hirsche als Rehböcke gibt.

Schlagschaden an einer Zirbe, verursacht vom Rothirsch.

Gams reiben ihre Krucken auch gerne an Lärchen oder Arven. Beides sind wie die Latschen sehr stark harzende Baumarten. Bei diesem Reiben oder Fegen wird das Pech genannte Harz an den Hornschläuchen abgelagert.

SCHÄLSCHÄDEN

Grundsätzlich

Die finanziell schwerwiegendsten Wildschäden verursachen Rotwild, teilweise Damwild und Muffelwild durch das Schälen der Rinde. Ausgenommen Rehwild, schälen die meisten Wildwiederkäuer, also auch das Elchwild und die Wisente. Im Almgelände und überall dort, wo die Waldweide noch ausgeübt wird, können auch Weidetiere – vor allem Rinder und Ziegen – schälen.

Unterschieden wird zwischen der häufigeren Winterschälung, bei der deutlich die Zahnmarken zu erkennen sind und die „in bequemer Arbeitshöhe“ erfolgt, und der Sommerschälung. Letztere setzt – im Gegensatz zur Winterschälung – meist an den Wurzelanläufen an und ist daher auch die gefährlichere. Auf diese Art werden oft auch noch jene Bäume geschält, deren Rinde am Stamm schon so stark verborkt ist, dass sie nicht mehr geschält werden. Nicht so die Wurzelanläufe. Da die Bäume im Sommer im Saft stehen, lösen sich ganze Rindenstreifen ab, und es sind kaum Zahnmarken sichtbar.

Die Winterschälung erfolgt in der Regel in Äserhöhe der jeweiligen Wildart, wobei die geschälten Flächen selten länger als 50 cm sind. Bedingt durch die Saftruhe wird die Rinde auch mehr abgeschabt als abgezogen. Dadurch sind die Zahnspuren deutlich und auch noch längere Zeit danach zu erkennen. Da das Kambium nicht unbedingt durchgehend verletzt wird, ist die Winterschäle nicht ganz so gefährlich wie die Sommerschäle.

Im Almbereich von Ziegen geschältes Laubholz. Ziegen sind die schlimmsten Verbeißer, die gelegentlich dafür eingesetzt werden, Gehölze zu eliminieren.

Ursachen

Länger als ein Jahrhundert waren es in Deutschland vor allem die staatlichen Forstämter, die sich ungeniert millionenschwere Schälschäden leisteten, um teils weit überhöhte Wildbestände nicht wirklich konsequent abbauen zu müssen. Das hat sich in den letzten Jahrzehnten nicht nur geändert, sondern teilweise geradezu ins Gegenteil verkehrt. Eine ähnliche Entwicklung ist auch in Österreich zu beobachten. Hier setzen zwar manche private Eigenjagdbesitzer immer noch auf leicht bejagbare, kopfstarke Rotwildbestände als Betriebsziel, insgesamt aber darf man den Forstverwaltungen wie den Jägerschaften unterstellen, dass sie die überhöhten Rotwildbestände tatsächlich abbauen wollen.

Die Einstellung zur Jagd ist gerade in Österreich auch stark geschichtlich geprägt. Es fehlte vor allem im alpinen Raum bis in die zweite Hälfte des 20. Jahrhunderts hinein an der Erschließung mit Lkw-festen Forststraßen. Der weitere Ausbau ist in Zeiten niedriger Holzpreise wenig attraktiv. Die Forstpartie maß sich daher vielfach an der Zahl jährlich zu erlegender Kronenhirsche und an Geweihgewichten. Verpachtung der Jagdnutzung zu möglichst hohem Preis und/oder Verkauf von Einzelabschüssen brachten – bei einem genügend eingekürzten betriebswirtschaftlichen Blick – mitunter höhere Gewinne als der Holzverkauf. Gekauft wurden viele Reviere weniger des Holzertrags, sondern der Jagd wegen. Bis heute wird ernsthaft um den Erhalt des „Jagdwertes" der Reviere diskutiert. Wer das Rotwild langfristig erhalten will, der muss bereit sein zu reduzieren. Dies gelingt nur, wenn man Hemmnisse innerhalb der Jagd abbaut. Die Jäger können nicht Einsicht demonstrieren und sich gleichzeitig aufregen, wenn irgendwo ein Revier zum Vorreiter wird oder eine Drückjagd so verläuft, wie man es sich eigentlich vorstellt – vorstellen muss! In vielen Rotwildgebieten Deutschlands wie Österreichs steigen die Abschusszahlen seit Jahrzehnten – dies trotz schrumpfender Lebensräume und einer wachsenden, immer rücksichtsloser werdenden Freizeitgesellschaft.

Andererseits handelt es sich beim Rotwild um eine sehr stark sozial organisierte Wildart, deren Mitglieder sich vor allem in der Gemeinschaft des Rudels wohlfühlen. Eine unsachgemäße Bejagung führt zu höherem Jagddruck bei sinkender Sichtbarkeit des Wildes und kann in letzter Konsequenz zu höheren Schäden führen.

Vom Rotwild im Winter verursachte Schälung an einer Weißtanne. Die Zahnmarken sind deutlich zu erkennen.

Rotwild kontra Fichte

Rotwild hat in der Vergangenheit in Mitteleuropa enorme Schälschäden hinterlassen. Die Ursachen waren – und sind es bis heute – teilweise unverantwortlich hohe Rotwildbestände. Es kam aber auch in Revieren mit relativ geringen Wilddichten zu Schälschäden. Auch wenn, oft gewollt, überhöhte Rotwildbestände primäre Ursache für die Schäden waren und sind, so trugen doch auch andere Faktoren dazu bei.

Im 19. Jahrhundert begann die Umwandlung vieler noch arten- und strukturreicher Wälder in Altersklassenwälder mit reinen Nadelholzbeständen. Viele dieser Wälder waren die Folge der Eisen- und Glashütten, für die riesige Waldflächen kahlgeschlagen und mit reiner Fichte aufgeforstet wurden.

In den deutschen Bundesländern entstanden nach dem 2. Weltkrieg riesige Reparationshiebe für die Besatzungsmächte. Die kahlgeschlagenen Flächen wurden ebenfalls fast ausschließlich mit Nadelholz – mit Fichte oder Kiefer – aufgeforstet.

Es entstanden in wenigen Jahren unvorstellbar große Einstände für das Rotwild, die sehr schnell äsungsarm wurden. An eine baldige Durchforstung war meist nicht zu denken, schon weil es vielerorts am notwendigen Forststraßennetz fehlte. Hinzu kam, dass die Jagdbehörden, zumindest anfangs, alles taten, um eine wirksame Absenkung der Rotwildbestände zu verhindern. Mitbeteiligt war die Mehrzahl der staatlichen Rotwildforstämter, die in der Trophäenhege ein wesentliches Betriebsziel sahen. Zwar stand offiziell der Wald schon immer vor dem Wild, wie die Gesinnung jedoch wirklich war, lässt sich in der Jagdbelletristik (viele altehrwürdige Autoren waren höhere Forstbeamte) unschwer herauslesen.

Schälwunden überwallen zwar, doch dringen Pilze und Bakterien ins Holz ein. Es bildet sich Rotfäule, die das wertvollste Stammstück völlig entwertet.

Schälschäden können bereits im Dickungsalter entstehen.

Mitte des 20. Jahrhundert setzte in fast allen Rotwildgebieten eine intensive, dem Wirtschaftswachstum und Wohlstand geschuldete Fütterung ein. Auch die Jagdwissenschaft beteiligte sich nicht unwesentlich an dieser Entwicklung. „Trophäenverbesserung" mit Hilfe von Kraftfutter galt keineswegs als ehrenrührig oder für das Wild und seine Umwelt gar schädlich. Die meisten namhaften Industriekonzerne der ersten Nachkriegsjahrzehnte leisteten sich in Deutschland wie in Österreich Konzernjagden. Häufig fungierten höhere Forstbeamte als Jagdleiter. Entscheidend waren nicht die Schälschäden, die von den Konzernen meist anstandslos beglichen wurden, sondern die Stärke der Hirsche und deren möglichst reibungslose Verfügbarkeit für Geschäftspartner.

Dieses Hegemodell wurde für Jahrzehnte zum Leitbild deutscher wie österreichischer Jagd. Gestützt wurde es nicht zuletzt auch von der Politik. Am Ende dieser Entwicklung standen vom Rotwild verursachte Schälschäden in Milliardenhöhe, eine Verteufelung des Rotwildes und ein mancherorts bis heute anhaltender „Dauerkrieg" gegen das Rotwild. Heute sind die Rotwildbestände in manchen inneralpinen Großrevieren immer noch so hoch, dass es fraglich ist, ob sie

Tabelle 7

Schälgefährdung durch Rotwild

Baumart/ Gefährdungsgrad	Alter in Jahren (etwa)
Fichte	10–45
Douglasie	8–25
Kiefer	5–12
Lärche	4– 8
Buche	15–50
Esche	6–35

Nach Ueckermann abgeändert

mit den Mitteln einer traditionellen Jagd zu reduzieren sind.

Damwild ist „relativ" manierlich

Auch durch Damwild können erhebliche Schälschäden entstehen. Ueckermann untersuchte dessen Schälverhalten bereits Anfang der 1950er Jahre in Holstein und kam damals zum Schluss, dass Damwild zumindest örtlich während des gesamten Jahresablaufes schält, wenngleich die Winterschäle überwiegt. Ueckermann sieht eine Abhängigkeit der Schälneigung von Höhe und Dauer der Schneelagen. Teilweise kommt es jedoch auch zur Sommerschäle. Ob in dieser Jahreszeit Nahrungsmangel die Ursache für das Schälen von Waldbäumen sein kann, wäre zu hinterfragen.

Die Buche, deren Rinde sich während der Saftruhe nur schwer abheben lässt, wird im Winter meist gar nicht, wohl aber im Sommer geschält. Von den in den untersuchten Revieren vorkommenden Baumarten war die Birke die einzige, die überhaupt nicht geschält wurde.

Dennoch rangiert das Damwild, was die Schälschäden betrifft, eindeutig hinter dem Rotwild.

Damwild schält nicht so häufig wie Rot-, Sika- oder Muffelwild.

Tabelle 8

Schälgefährdung durch Damwild

Baumart/ Gefährdungsgrad	Alter in Jahren (etwa)
bevorzugt geschält:	
Esche	6–35
Pappel	3–15
Edelkastanie	5–35
regelmäßig geschält:	
Tanne	12–20
Linde	8–25
Ahorn	6–35
Douglasie	8–25
Hainbuche	10–15
Ulme	10–25
selten geschält:	
Eiche	6–25
Fichte	7–40
Buche (Sommerschälung)	8–35
Kiefer (Winterschälung)	6–15
Lärche	5–15
Erle (nur bei hoher Dichte)	5–20

Enorme Schäden durch Sikawild

Sikawild stammt aus Asien und ist in Europa nicht heimisch. In Deutschland wurde die Art erst 1883 als Parkwild eingeführt und später freigelassen. Es spielt im deutschsprachigen Raum, was seine flächenmäßige Verbreitung betrifft, bis heute nur eine sehr untergeordnete Rolle. In Deutschland gibt es kleinere Vorkommen in Nordrhein-Westfalen und Schleswig-Holstein. Ein weiteres kleines Sikavorkommen existiert ferner am Hochrhein und zwar beidseitig der deutsch-schweizerischen Grenze.

Die von dieser Wildart verursachten Schälschäden sind teilweise enorm und übertreffen an Intensität jene des Rotwildes. Im Arnsberger Wald (Nordrhein-Westfalen) gibt es kaum eine Baumart, die vom Sikawild nicht geschält wird. Besonders stark ist die Sommerschäle an Buchen, wobei in der Vergangenheit bis zu 120-jährige Bestände geschält wurden. Bei den Fichten beginnen die Sikas schon im zeitigen Frühjahr mit dem Abziehen der Rinde von den Wurzelanläufen und schälen etwa bis zum Alter von 45 Jahren (Nöllenheid 1998 mündlich).

Schäle des Muffelwildes

Auch die Muffelschafe sind Neozoen, die erst sehr spät als Menagerietiere nach Mitteleuropa kamen. Dort wurden sie in der Folge immer wieder mit Zackelschafen und Heidschnucken gekreuzt, um ihnen größere Hörner anzuzüchten. Aussetzungen fanden zuerst bei Wien statt, von wo aus sie nach Deutschland, Tschechien und in andere mitteleuropäische Länder gelangten. Überall fielen sie bald durch ihre Schälneigung auf. Verbreitet wurde jedoch die Behauptung, nur einzelne, in früherer Zeit verbastardierte Muffelwildstämme würden schälen, „reinblütiges" Muffelwild hingegen nicht. Sie erwies sich als falsch. Im Grunde schälen alle Schafarten, ob wild oder domestiziert. Dass die Schälneigung – vermutlich abhängig von Standort, Wilddichte und Äsungskonkurrenz – unterschiedlich stark ausgeprägt ist, sei unbestritten. Wiederholt wurden ganze Muffelwildvorkommen wegen unverantwortbarer Schälschäden liquidiert und anschließend mit „reinblütigen" Tieren neu begründet. Schälfrei waren die neuen Bestände, wenn überhaupt, meist nur vorübergehend.

Unterschiedliche Reaktionen der Baumarten

Unter allen geschälten Baumarten nimmt die Fichte sicher den höchsten Anteil ein. Sie ist erstens in Deutschland und Österreich die häufigste Baumart. Zweitens ist sie während eines besonders langen Zeitraums schälgefährdet, nämlich vom Dickungsalter bis zur Verborkung der Rinde, also Fichten der 1. und 2. Altersklasse, selten älter. Auch

Das aus Asien stammende Sikawild entspricht in seiner Größe dem Damwild. Im Sommerhaar sind die beiden Arten nur schwer zu unterscheiden. Sikawild schält aber weit stärker als Damwild.

Muffelwild ist in Mitteleuropa zwar weit verbreitet, aber nicht wirklich heimisch. Gleichwohl gehört es in Deutschland und Österreich zum jagdbaren Wild und fällt häufig durch erhebliche Schälschäden auf.

der Standort spielt eine Rolle. Auf feuchten Standorten und in Hochlagen neigt sie meist früher zur Verborkung als in tieferen und nur frischen Lagen.

Von allen heimischen Baumarten leidet die **Fichte** *(Picea abies)* am stärksten unter den Schälschäden. Da durch die Schälwunden Pilze ins Holz eindringen, kommt es zur Rotfäulebildung im unteren – wertvollsten! – Stammabschnitt, dem sogenannten Erdstamm. Ein erheblicher Teil der geschälten Stämme fällt früher oder später Sturm oder Nassschnee zum Opfer; sie brechen an den Schälstellen.

Stämme, die regulär im Zuge von Durchforstungsmaßnahmen geerntet werden, bringen dem Waldbesitzer kaum noch Erlös, da das stärkste, astreinste Stammstück entfällt. Es kann allenfalls noch als sogenanntes Papier- oder als Brennholz Verwendung finden oder bleibt mitunter auch einfach im Wald liegen.

Nicht ganz so häufig wird die **Douglasie** (*Pseudotsuga menziesii*) geschält. Die Rinde der Douglasie verborkt sehr früh. Daher wird sie schon mit Eintritt in die 2. Altersklasse für das Wild uninteressant. Die Schälwunden überwallen relativ gut, die Wertminderung ist nicht so groß wie bei der Fichte.

Bei den **Kiefern** ist besonders die Waldkiefer (*Pinus sylvestris*) stark schälgefährdet. Sie ist weiterverbreitet als Schwarzkiefer (*Pinus nigra*) und Strobe (*Pinus strobus*). Alle Kiefern heilen Schälwunden infolge ihres starken Harzflusses relativ gut aus. Sie sind auch nur während einer kurzen Zeitspanne in der 1. Altersklasse wirklich gefährdet. Bei frühzeitiger Läuterung bildet sich spätestens mit 15 Jahren Borke. Dann wird sie nicht mehr geschält. Nur in ungepflegten, zu dicht stehenden Beständen verzögert sich die Bildung schützender Borke.

Lärchen (*Larix deciuda*) werden nur in ihrer frühen Jugend sporadisch geschält. Die Gefährdung besteht also fast nur während des Dickungsalters. Mit etwa 12 Jahren setzt die Verborkung der Rinde ein, womit das Wild sein Interesse an der Lärchenrinde verliert.

Buchen (*Fagus sylvestris*) werden vor allem bei stark überhöhten Wildbeständen geschält, und dann fast nur im Sommer. Während der Vegetationsruhe lässt sich die Rinde nur äußerst schwer ablösen. In der Folge kommt es häufig zu Stammverformungen, Stammfäule und erheblichen Zuwachsverlusten.

Auch **Hainbuchen** (*Carpinus betulus*) werden fast nur im Sommer geschält. Sie reagieren mit Stammfäule und nachfolgendem Absterben.

Typische Sommerschäle an einer Fichte. Die Rinde wurde großflächig abgelöst, Zahnmarken sind nicht zu erkennen.

Eichen (*Quercus robur, Q. petraea und Q. Rubra*) werden nur selten geschält und wenn, wie die Lärche, nur in ihrer frühen Jugend. Alle drei Arten überwallen Schälwunden relativ gut. Zwar kann sich nachfolgend Kernfäule entwickeln, jedoch bleibt diese meist lokal begrenzt.

Eschen (*Fraxinus excelsior*) überwallen Winterschälwunden am schnellsten und mit den geringsten Folgen. Fast nur bei Sommerschäle kommt es in der Folge mitunter zu Kernfäule.

Linden (*Tilia platyphyllos und T. cordata*) besitzen ein gutes Ausheilungsvermögen, doch werden bei Sommerschäle meist lange Rindenbahnen abgezogen und häufig ringsum geschält.

Schwarz-Erlen (*Alnus glutinosa*) werden selten und fast nur in Damwild-Revieren mit übergroßer Wilddichte geschält. Folgen sind Kernfäule, die von der Schälstelle aus im Stamm auf- und abwärts wandert, wodurch die besten Stammstücke wertlos werden.

NAGESCHÄDEN AN GEHÖLZEN

Nage- und Verbissschäden durch Feldhasen und Wildkaninchen

Hasen benagen Obstbäume fast ausschließlich in den Wintermonaten bei Schneelage; Kaninchen hingegen nagen vereinzelt auch im Sommer. In Deutschland ist die Unterscheidung zwischen Hasen- und Kaninchenschäden wichtig, weil nur letztere ersetzt werden müssen.

Für Hasen spricht:

- Die Schäden finden sich eher im Zentrum einer Anlage oder Reihe,
- die Schäden reichen höher hinauf als 50 cm,
- in unmittelbarer Nähe ist keine Kaninchenlosung zu finden.

Für Kaninchen spricht:

- Die Schäden befinden sich in der Nähe von Dauerdeckung (Hecken, Waldränder, Böschungen mit Kaninchenbauen),
- die Schäden reichen nicht höher hinauf als bis zu 40 cm,
- in unmittelbarer Nähe finden sich Ansammlungen von Kaninchenlosung oder Scharrstellen.

Nageschäden durch Kaninchen sind kaum höher als 40 cm.

Nageschaden an einer Buche durch den Schneehasen.

Biber bringen auch sehr starke Bäume zu Fall, selbst Harthölzer wie die Eiche.

Liegt Schnee, lassen sich eventuell Spuren erkennen. Schutz vor Nageschäden dieser beiden Tierarten bietet der Anstrich mit einem zugelassenen Mittel (z. B. Arikal 67), der alljährlich wiederholt werden muss. Dauerhaft schützen Kunststoffspiralen und Drahtmanschetten.

Biberausstiege am Ufer sind leicht zu erkennen. Erhaltenswerte Bäume sollten dann schnell geschützt werden.

Nageschäden durch Biber

Biber fallen fast nur in unmittelbarer Gewässernähe durch Nageschäden auf. Sie entfernen sich selten weiter als 20 m vom Wasser. Zweige und dünnere Äste werden abgetrennt und ins Wasser gezogen. Sie dienen zum Bau von Wohnburgen, als Material für den Dammbau und als unter Wasser gelagerte Nahrungsreserve. Gefällt werden bevorzugt Weichhölzer wie Weide oder Pappel, aber auch Harthölzer wie Eiche.

Besonders unangenehm können Biber in Hausgärten werden, wo sie bevorzugt Obstbäume fällen. Dabei gehen sie oft sehr hartnäckig vor und untergraben auch Zäune. Da viele Ufer von Wegen begleitet werden sowie Biber ihre Arbeit mitunter auch unterbrechen und stark angenagte Bäume noch einige Zeit stehen bleiben, ehe sie umstürzen, besteht nicht nur die Gefahr größerer Sachschäden, sondern ebenso für Gesundheit und Leben von Personen.

Grundeigentümer können in solchen Fällen schnell in Haftung genommen werden.

Vorbeugend empfiehlt es sich, Stämme mit feinmaschigen Drahtmanschetten auszustatten. Diese verhindern das Benagen zuverlässiger als chemische Mittel.

Schäden durch Kleinnager

Besonders ärgerlich sind Nageschäden durch Mäuse in Forstkulturen, die gelegentlich auch Hasen oder Kaninchen zugeschrieben werden. Die Zuordnung ist aber nicht besonders schwierig. Schwerer ist das frühzeitige Erkennen von Mäuseschäden, da die bodennahen Nagestellen besonders im Sommer von der Bodenvegetation verdeckt werden. Unterschieden werden Kurzschwanz- und Langschwanzmäuse. Letztere gelten nicht als Schädlinge und sind in der Regel geschützt. Als Forstschädling tritt

Tabelle 9

Die wichtigsten Kleinnager als Schädlinge in der Forstwirtschaft und im Obstbau

Art	Lebensraum	Schadwirkung	Gradation
Kurzschwanzmäuse			
Wühlmaus (*Arvicola terrestris*)	Wiesen, Weiden, Brachflächen, Obstanlagen, Weinberge, Ufer	Vor allem Benagen und Fraß von Wurzeln von dünn nach dick	Alle sechs bis acht Jahre Gradation mit langsamem Abbau
Erdmaus (*Microtus agrestis*)	Lichte Wälder, Kultur- und Verjüngungsflächen, Feuchtwiesen, liebt Vergrasung und Sonne	Benagen der Rinde dicht über dem Boden, schräg bis quer zur Wuchsrichtung	Meist alle zwei bis vier Jahre Gradation
Feldmaus (*Microtus arvalis*)	Trockene, landwirtschaftlich genutzte Flächen	Jungpflanzen- und Wurzelfraß, Nageschäden an Obstbäumen	Nach der Ernte Übersiedlung in den Wald
Rötelmaus (*Myodes glareolus*)	Laub- und Mischwälder, Gärten in Waldnähe, Nähe von Fließgewässern	Keimlingsfraß, im Winter Rinden- und Wurzelfraß, bevorzugt Buchen, Edellaubholz und Lärchen	Meist alle zwei bis vier Jahre Gradation
Langschwanzmaus			
Waldmaus (*Apodemus sylvaticus*)	Saumbiotope in der Agrarlandschaft, Hecken, Grabenränder	Keimlings- und Rindenfraß, besonders am Laubholz	Bestandsschwankungen, aber keine zyklische Gradation

jedoch gelegentlich die Waldmaus (*Apodemus sylvaticus*) in Erscheinung.

Schutzmaßnahmen

Die Populationsdichte des Fuchses wie der beiden Wiesel ist stark an die Gradation der Mäuse gekoppelt. Es ist daher absolut unsinnig, im Frühjahr und Sommer Füchse zu schießen. Kulturzäune können dem Fuchs durch halb in den Boden eingelassene Abschnitte von Betonrohren mit 25 cm Durchmesser zugänglich gemacht werden. In den Boden gesteckte, ca. 3 bis 4 m hohe, oben mit einem Querholz versehene Stangen (Greifvogeljulen) erleichtern Bussarden, Turmfalken und Nachtgreifvögeln den Mäusefang.

Zum permanenten und selektiven Fang von Kurzschwanzmäusen eignet sich die Göttinger Fangwanne. Diese runden Kunststoffkübel haben am Boden eine nur nach innen zu öffnende Klappe. Gefangene Langschwanzmäuse oder Wiesel entkommen problemlos durch einen Sprung aus der Wanne. Kurzschwanzmäusen fehlt die erforderliche Sprungkraft. Tag- und Nachtgreife sorgen für die permanente Entnahme der gefangenen Nager.

Nageschaden der Waldmaus an einer Jungbuche. Die fast winzigen Zahnmarken verraten den Verursacher.

Hier haben „schwäbische Biber“ gleich 200 Apfelbäume gefällt.

In der Göttinger Fangwanne fangen sich nur Kurzschwanzmäuse. Langschwanzmäuse springen über den Rand ins Freie.

Verbiss- und Schälschäden bekommen durch die steigende Klimaerwärmung zunehmend an Bedeutung. Vor allem in südexponierten Steillagen mit geringem Oberboden stirbt die Fichte heute bereits flächig ab.

Ob einförmige Fichtenbestände in der Zukunft überhaupt noch eine Chance haben, ist fraglich. Umso dramatischer wirkt sich starker Verbiss auf andere Baumarten aus.

SCHÄDEN IN DER LANDWIRTSCHAFT

SCHÄDEN IM GRÜNLAND

Fraßschäden durch Wiederkäuer und Schwarzwild

Besonders das erste frische Grün der Wiesen zieht das Rotwild an. Betroffen sind vor allem im Tal gelegene Wiesen. Äsen Nacht für Nacht zehn oder gar mehr Stück Rotwild in einer Wiese, kann der Futterverlust beachtlich sein. Für den Bauern sind diese Verluste besonders ärgerlich, weil die Wintervorräte häufig schon aufgebraucht sind und das Vieh auf die Weide soll oder weil „eingegrast" werden muss. Beim Wild ist der Hunger am Ende des Winters oft so groß, dass es sich auch von gezielten nächtlichen Störungen nicht nachhaltig abhalten lässt.

Zeitverzögert sind auch höher gelegene Wiesen und Weiden betroffen. Vor Auftrieb des Weideviehs nutzen neben dem Rotwild auch die Gams gerne das frische Grün, den zur Mahd vorgesehenen Alm-Anger.

Umbruchschäden durch Schwarzwild

Auch Schwarzwild nimmt während der gesamten Vegetationsperiode frisches Wiesengras. Es weidet regelrecht, bricht dabei gleichzeitig nach Mäusen, Regenwürmer, Schnecken und Insektenlarven.

Nicht alle Wiesen sind für Schwarzwild gleichermaßen attraktiv. Die meisten Umbruchschäden entstehen in Waldnähe, nur selten inmitten größerer Agrarflächen. Daneben spielen Bodenstruktur und Feuchtigkeit eine Rolle. Leichte, steinarme Böden werden häufiger umgebrochen als stark skelettierte Böden. Am wenigsten durch Schwarzwild gefährdet sind trockene Wiesen mit harter Bodendecke, während feuchte Wiesen besonders gerne umgebrochen werden. Auch die Vegetation spielt eine große Rolle. Zwar wird immer wieder kolportiert, Schwarzwild suche im Grünland vor allem „Eiweiß" in Form von Kleinnagern, Würmern und Insektenlarven. Das stimmt nur zum Teil. Es sucht nämlich im selben Maße auch Dickwurzler aller Art. Dazu gehören zahlreiche Pflanzen frischer bis feuchter Wiesengesellschaften. Vom Schwarzwild gesucht werden auch Zwiebeln und Knollen, etwa der Krokusse oder Knabenkräuter. Letztere wachsen teilweise auch in Trockenrasengesellschaften.

Noch vor wenigen Jahrzehnten kam Schwarzwild im Alpenraum nur höchst selten und vereinzelt vor. Heute besiedelt es inner- und südalpin weite Bereiche. Ermöglicht wird das einerseits durch das Vordringen des Maises mit immer kürzerer Reifezeit, durch das massenhafte Vorkommen von Zwiebelpflanzen auf den Almen und nicht zuletzt durch immer kürzere und mildere Winter als Folge der Klimaerwärmung. Diese alpinen Vorkommen gehen zumindest teilweise auf illegale Aussetzungen zurück.

Die meisten Umbruchschäden entstehen im Frühjahr unmittelbar nach dem Ausapern und im Sommer. Betroffen sind Mähwiesen und Weiden gleichermaßen. Auf Letzteren locken auch die Hinterlassenschaften der Rinder, unter denen sich Weichtiere und Insektenlarven aufhalten.

Unterschiedliche Qualität von Schwarzwildschäden

Schwarzwildschäden im Grünland können, wie ihre Behebung, ganz unterschiedlich intensiv sein. Was der Jäger bezahlen muss, ist ja nicht nur der Ernteausfall, sondern auch der Reparaturaufwand. Letzterer setzt sich aus dem Einebnen der Fläche (eventuell Anfuhr von Mutterboden) und dem Saatgut zusammen. Je nach Alter der Schäden schwankt der notwendige Zeitaufwand zu ihrer Behebung. Frische Schäden mit noch feuchtem Erdreich lassen sich relativ schnell und korrekt einebnen. Zeitaufwändiger und teurer ist das Einebnen abgetrockneter und zerbröselter Erdaufbrüche. Auch die Höhe des Wiesenaufwuchses zum Zeitpunkt des Schadeneintritts spielt eine Rolle. Folglich muss festgestellt werden:

- Welcher Ernteausfall entstand?
- Wurde flach oder eher tiefgründig gebrochen?
- Handelt es sich um vereinzelte Schäden, die auf der Fläche verteilt sind und manuell beseitigt werden müssen?
- Sind die Schäden flächig und machen eine maschinelle Reparatur notwendig?

Vom Schwarzwild umgebrochener Rasen auf einem Fußballplatz. Solche Schäden sind um das Vielfache teurer als Schwarzwildschäden in Wiesen oder auf Weiden.

Schnell reagieren

Wer Schwarzwildschäden ersetzen muss, darf auf keinen Fall auf Zeit setzen. Vor allem jene Schäden, die händisch selbst behoben werden können, müssen umgehend behoben werden. Je früher ein Schaden entdeckt und behoben wird, umso geringer sind die Kosten. Umständliche Berechnungen erübrigen sich, und die Geschädigten sind meist froh, wenn sie sich nicht mehr weiter um die Angelegenheit kümmern müssen. Es ist allerdings keineswegs so, dass der geschädigte Landwirt eine Reparatur durch den Jäger akzeptieren muss. Er kann darauf bestehen, die Placken selbst einzuebnen oder beispielsweise von Familienmitgliedern, eigenen Arbeitskräften oder Bekannten einebnen zu lassen.

Bei geringfügigen, flachen Schäden wird man die umgeklappten Grassoden von Hand oder mit dem Fuß wieder zurechtlegen und festtreten. Nur wenn die Sauen tiefer gebrochen haben, etwa nach Mäusenestern, steigt der Aufwand. Dann müssen die entstandenen Löcher unter Umständen mit Mutterboden aufgefüllt werden. Der entstandene Ernteausfall selbst ist bei noch jungem Aufwuchs meist gering.

Auf den Almen haben Schwarzwildschäden auch noch ökologische Folgen. Können sie nicht händisch behoben werden, ist eine Neuansaat erforderlich. Die setzt voraus, dass es möglich ist, die Alm mit entsprechenden Maschinen zu erreichen, und dass der Boden eine maschinelle Bearbeitung überhaupt zulässt. Die Neuansaat verändert die in Jahrhunderten entstandene typische Pflanzengesellschaft der Almen. Dabei geht botanisch sehr viel verloren, zumal das Schwarzwild seine Besuche sporadisch fortsetzen wird.

Schnell reagieren müsste auch die Jagd selbst, doch ist die Schwarzwildbejagung auf weitläufigen, meist wenig übersichtlichen Almflächen äußerst schwierig. Es lässt sich nicht vorhersagen, wann das Schwarzwild eine Almfläche besucht und schon gar nicht, in welchem Winkel es erscheint. Almen sind auch nicht in dem Maße mit Hochsitzen möbliert, wie dies in Tallagen heute üblich ist. So findet eine wirklich intensive Bejagung zur Schadensminderung nur in wenigen Revieren statt. Hinzu kommt, dass im Frühjahr und Sommer wegen des Rotwildes ungern geschossen wird. Auch im Herbst haben Rotwild und Gams jagdlichen Vorrang und im Winter ruht die Jagd im Bergwald ohnehin.

Bricht das Schwarzwild irgendwo die Almen um, wird fast immer postwendend mit Mais gekirrt, in der Hoffnung, dort das Wild leichter erlegen zu können. Nicht selten kommt die Forderung hierzu sogar von den Landwirten. Fast immer tritt aber eine gegenteilige Wirkung ein, nämlich die, dass weiteres Schwarzwild angezogen und mit fortgesetzter Kirrung zum Standwild wird.

Hier hat das Schwarzwild auf der Suche nach Krokus-Zwiebeln eine Almwiese umgebrochen. Solche Schäden sind – wegen der kurzen Vegetationszeit – besonders schwerwiegend.

Unterschiedliche Ertragsleistung im Grünland

Über den Ertragsausfall durch Umbruchschäden im Grünland wird mitunter heftig gestritten. Fixe Zahlen gibt es nicht. Die Ertragsleistung einer Fläche hängt im Wesentlichen von vier Faktoren ab:

1) von den Standortverhältnissen (trocken/mittel/feucht),
2) vom Düngeniveau (0–300 kg N/Jahr),
3) von der Nutzungsintensität (1–5 Schnitte)
4) und von der Pflanzengesellschaft (Futterwert).

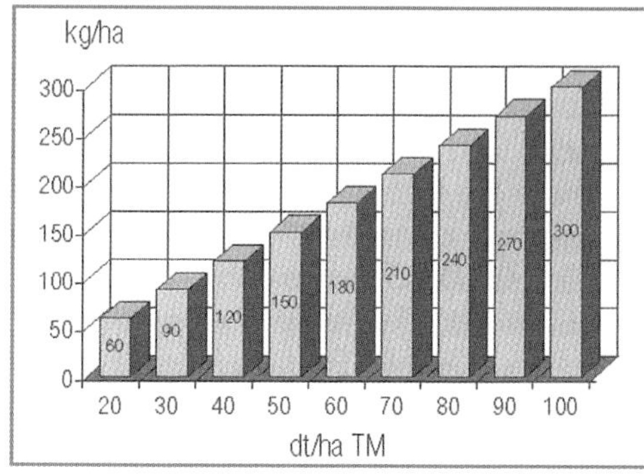

Ertrag an Trockenmasse in Abhängigkeit von der Stickstoff-Zufuhr

Die Wasserversorgung ist im Grünland oft der den Ertrag begrenzende Faktor. Ertragreiches Grünland will hohe Niederschläge, die über die gesamte Wachstumsperiode möglichst gleichmäßig verteilt niedergehen. Die Landwirtschaftskammer Rheinland-Pfalz nennt als Faustzahl 600 Liter Wasser zur Produktion von 1 dt Trockensubstanz aus Wiesenaufwuchs. Auf trockenen Standorten kann demnach mit einem Ertrag von etwa 40 dt/ha Trockenmasse gerechnet werden, bei mittlerer Wasserversorgung etwa 80 dt/ha und auf frisch-feuchten Standorten sind Erträge bis 100 dt/ha möglich.

Zur Feuchtigkeit müssen die Nährstoffe kommen, vor allem Stickstoff. Dieser wird in naturnahen, an Leguminosen reichen Wiesengesellschaften teilweise von Pflanzen selbst beschafft. Nach Untersuchungen der Landwirtschaftskammer Rheinland-Pfalz kann im Grünland jedes Prozent Kleeanteil mit einer Stickstoffsammelleistung von 3 bis 4 kg kalkuliert werden.

Auch die Nutzungsintensität hat wesentlichen Einfluss auf die Massenleistung des Grünlandes. Das bedeutet: Wird nicht regelmäßig gemäht und abgefahren, wächst auch nur wenig zu. Selbstverständlich ist

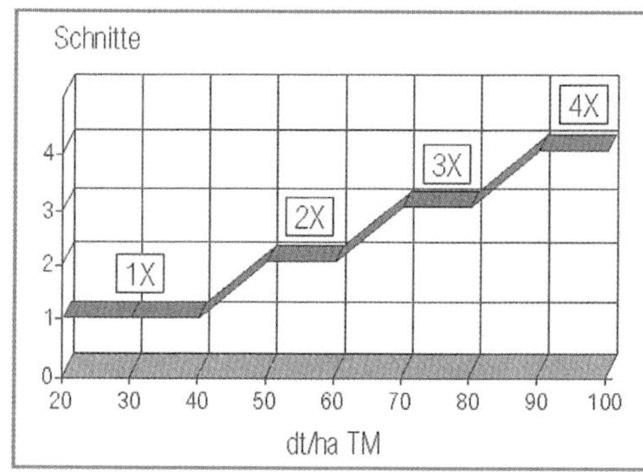

Ertrag an Trockenmasse in Abhängigkeit von der Nutzungsintensität

die Nutzungsintensität wiederum abhängig von den Standortbedingungen und der Nährstoffzufuhr.

Das nachfolgende kleine Beispiel verdeutlicht, wie der Futterwert einer Wiese errechnet wird.

5 % Ertragsanteil Löwenzahn	x	WZ* 5	=	25
5 % Schafschwingel	x	WZ 4	=	20
3 % Wiesenkerbel	x	WZ 4	=	12
7 % Gemeine Rispe	x	WZ 7	=	49
80 % Deutsches Weidelgras	x	WZ 8	=	640
			=	746

Summe: Bestandsfutterwert = 746:100

* WZ = Wertzahl nach Klapp

Wie wir gesehen haben, entscheidet die Pflanzengesellschaft einer Wiese oder Weide wesentlich über deren Ertrag. Aus ihr resultiert der Futterwert. Für die wichtigsten in Wiesengesellschaften vorkommenden Gräser, Kräuter und Leguminosen wurden unterschiedliche Futterwertzahlen festgelegt und diese wiederum in Güteklassen zusammengefasst.

Tabelle 10

Übersicht: Futterwert von Wiesengesellschaften

7–8	sehr gut	1
7–6	gut	2
6–5	gering	3
‹ 5	sehr gering	4

Zur Beurteilung des Futterwertes einer Wiese oder Weide muss der Pflanzenbestand in seiner Zusammensetzung beurteilt werden. Dazu ist es notwendig, mehrere je einen Quadratmeter große Probeflächen auszuwerten. Diese müssen ihrem optischen Eindruck nach dem Durchschnitt der Gesamtfläche entsprechen. Prozentanteil der einzelnen Art mal deren Futterwert geteilt durch 100 ergibt den Futterwert des Bestandes (siehe Tabelle 10). Neben der Artenzusammensetzung ist allerdings auch noch der Schnittzeitpunkt von Bedeutung.

Zur möglichst korrekten Schätzung des Ertragsverlustes einer Wiese werden die vier vorstehend besprochenen Faktoren (siehe Seite 82) aufgelistet. Der im Minimum befindliche Faktor aus 1 bis 3 ist für die Ertragsbestimmung maßgeblich. Um nun auf Stärke-Einheiten zu kommen, muss nur noch die Güteklasse der Pflanzenzusammensetzung zugezogen werden.

Beispiel

Faktor		Ertrag (dt/ha)
1. Standortverhältnisse trocken/mittel/feucht	mittel	60
2. Düngeniveau 0–300 kg N/Jahr	210 kg	70
3. Nutzungsintensität 1–5 Schnitte/Jahr	4 x	70
4. Pflanzengesellschaft › 5; 5–6; 6–7; 7–8; 8	gut	Güteklasse 2
Ertrag KStE/ha/Jahr		3.600

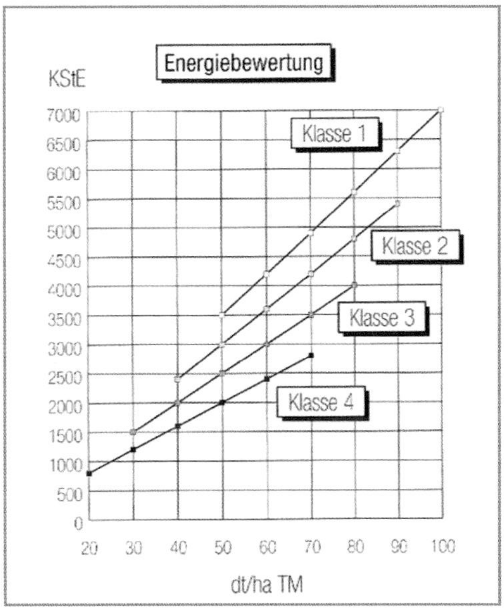

Auf der unteren Achse wird die aus dem Minimumfaktor resultierende Aufwuchsmenge (dt/ha TM) und auf der Höhenachse die entsprechende Energie (KStE) gezeigt.

Eine Wiese wird zwar gut gedüngt und viermal jährlich gemäht, aber sie hat nur eine mittlere Wasserversorgung. Zu erwarten sind daher etwa 60 dt Aufwuchs pro Hektar. Aufgrund der Pflanzengesellschaft ergibt sich die Futterwertzahl 6,5, was der Güteklasse 2 (= gut) entspricht. Wir suchen nun unten die Aufwuchsmenge (= dt/ha TM) und

Tabelle 11

Futterwertzahlen mit Berücksichtigung des Schnittzeitpunktes

Art		Anteil vor Blüte*	
	WZ**	10–20 %	› 20 (30 %)
Deutsches Weidelgras	8	8	7
Lieschgras	8	8	6
Wiesenschwingel	8	8	7
Wiesenrispe	8	8	6
Knaulgras	7	7	6
Bastard Weidelgras	8	8	7
Einjähriges Weidelgras	8	8	7
Weißklee	8	8	5
Wiesen-Fuchsschwanz	7	6	5
Rotschwingel	5	4	3
Gemeine Rispe	7	5	2
Jährige Rispe	5	4	2
Weiche Trespe	3	2	1
Quecke	6	4	2
Löwenzahn	5	5	4
Schafschwingel	4	3	1
Wolliges Honiggras	4	2	1
Spitzwegerich	6	4	1
Bärenklau	5	4	1
Schafgarbe	5	3	1
Wiesenkerbel	4	3	1
Wiesenschaumkraut	3	2	1
Vogelmiere	2	1	1
Hirtentäschel	1	1	1
Ampfer	–1	–1	–1
Brennnessel	1	–1	–1
Scharfer Hahnenfuß	–1	–1	–1
Ackerdistel	1	1	1

* nach Stählin geändert
** WZ = Wertzahl nach Klapp

die Linie der Güteklasse 2. Auf der Höhe des Schnittpunktes lassen sich links die Stärkeeinheiten ablesen.

Mancher Leser wird fragen, wozu die Wildschadensschätzung im Grünland so scheinbar kompliziert dargestellt wird. Das Berechnungsschema mag nicht nur den Laien zunächst verwirren. Es wird in der Praxis auch nicht immer zur Anwendung kommen. Bei einer gütlichen Einigung ist es ohnehin entbehrlich. Sobald aber ein Schätzer (oder die „Kommission") den Schaden festzustellen hat, muss er mit nachprüfbaren Fakten rechnen. Die Herleitung des Schadens muss für beide Parteien nachvollziehbar sein. Das ist besonders wichtig, wenn die Sache vor Gericht landet.

Gefragt wird immer wieder, warum die bloße Massenfeststellung nicht genügen soll, warum auch noch die Stärke-Einheiten? Einfach, weil in vielen Fällen für die verlorenen Futtermittel Ersatz beschafft werden muss. Das ist beispielsweise dann der Fall, wenn ein großer Schlag durch Schwarzwildschäden ausfällt. Dann muss der Landwirt vermutlich Futter zukaufen. Ihm kann nicht vorgeschrieben werden, für welches Futtermittel er sich entscheidet, und oft fehlt ihm auch die Wahlmöglichkeit. Je nach Wertigkeit gibt es aber erhebliche Preisunterschiede. Möglicherweise wird dem Landwirt auch die ersatzweise Nutzung einer anderen Fläche angeboten. Mag sein, diese liefert zwar dieselbe Menge wie die geschädigte Fläche, weist jedoch eine deutlich schlechtere oder bessere Pflanzengesellschaft (Futterwertzahl/Güteklasse) auf.

Schäden im Grünland durch weidende Gänse und Schwäne

Wildgänse waren vor einem halben Jahrhundert, wenn es um Wildschaden ging, eher ein lokal sehr begrenztes Thema. Das hat sich zumindest in Deutschland radikal geändert. Die Graugans kam in Westdeutschland und Österreich noch Mitte des 20. Jahrhunderts, abgesehen von wenigen Feuchtgebieten mit überregionaler Bedeutung wie Bodensee, Neusiedler See oder Steinhuder Meer, fast nur als Zugvogel vor. Heute brütet sie an zahllosen Gewässern.

In den Niederlanden und auch im Grenzgebiet zu Deutschland wurde sie zum Problemvogel. Die Niederländer sammeln die Eier ein und staatliche Organe fangen die Gössel, um sie zu vergasen! Anders ist Grünlandwirtschaft dort vielerorts nicht mehr denkbar.

Nordische Arten wie Saat- und Ringelgänse verlieren in Küstennähe ungestörte Überwinterungsgebiete und dringen tiefer ins Binnenland vor. Es kamen aber auch früher unbekannte Arten nach Mitteleuropa. Die Kanadagans, schwerer als die heimische Graugans, wurde zum Brutvogel, ebenso Rost- und Nilgans. Gänse sind also im Grünland ein ernstzunehmendes Thema geworden.

Während der Brut- und Aufzuchtszeit weiden Wildgänse wie Schwäne gerne in unmittelbarer Gewässernähe. Bereits im August können große Flüge durchziehender Gänse erhebliche Schäden verursachen. Die größten Schäden entstehen jedoch im Winter. Dann fallen in den Durchzugs- und Überwinterungsgebieten oft hunderte Gänse und in großer Zahl auch Höckerschwäne ein. Die Schäden bestehen nicht nur im Verlust von Grünmasse, sondern – vor allem im Spätsommer – auch in massiver Verkotung. Das Grünfutter wird für die Landwirtschaft unbrauchbar, Liegewiesen an Gewässern werden unbenutzbar (siehe Abschnitt über Gänse in der Wintersaat, Seite 85).

SCHÄDEN IM GETREIDE

Was ist was?

Gerste wird sowohl als Winter- wie auch als Sommergetreide angebaut.
Wintergerste wird im September gesät, verträgt zwar Temperaturen bis –20 °C, erleidet aber oft flächige Ausfrierungen (Verwechslungsgefahr mit Wildschäden!). Wintergerste ist die zuerst im Jahr geerntete Getreideart.
Sommergerste wird möglichst früh im Jahr (je nach Befahrbarkeit der Äcker) gesät und hauptsächlich als Braugerste vermarktet. Ihr Blattwerk wird vom Wild so gut wie nicht beäst.

Hafer wird ausschließlich als Sommergetreide angebaut und so früh als möglich im Jahr gesät, aber oft erst im September geerntet.

Wald-Staudenroggen ist die Stammform des Roggens. Er spielt in der konventionellen Landwirtschaft keine Rolle, in der biologischen eine eher kleine. Bedeutung hat er als zweijährige Wildackerpflanze, die im ersten Jahr nur ins Blatt treibt und im zweiten Jahr in die Ähren. Beides wird vom Wild gerne verbissen.

Roggen wird noch sehr spät im Jahr – Oktober – gesät und entwickelt sich sehr schnell, wobei seine Anbaufläche in den letzten Jahren stark zurückging. Roggen ist zwar unempfindlich gegen Trockenheit, neigt aber zur Lagerbildung.
Grünroggen wird ebenfalls spät gesät und dient als Winterzwischenfrucht zur Verfütterung.

Wick-Roggen ist ein Gemenge aus Winterroggen und Wicke. Auch das Gemenge wird früher gesät und ebenfalls als Winterzwischenfrucht für Futterzwecke genutzt.

Dinkel ist die Stammform des Weizens, lange Zeit in Vergessenheit geraten, heute aber im biologischen Landbau wieder zu Ehren gekommen. Anders als die empfindlich gewordenen Hochleistungsweizen gedeiht er auch noch auf ärmeren Böden und in Hochlagen. Er ist als Jungpflanze und ab der Milchreife bei zahlreichen Wildarten beliebt. Da die Preise für biologisch angebauten Dinkel stattlich sind, darf er als „Wildschadenspflanze" nicht übersehen werden.

Kulturweizen stellt von allen Getreidearten die höchsten Bodenansprüche. Dennoch übertrifft der Weizen, hinsichtlich seiner Anbaufläche, alle anderen Getreidearten.

Winterweizen wird bis Ende Oktober gesät und ebenfalls beäst. Wildschaden entsteht aber fast nur ab der Milchreife, dann aber durch zahlreiche Wildarten und nicht jagdbare Tiere.

Sommerweizen wird – wie Hafer und Sommergerste – schon im zeitigen Frühjahr gesät.

Grünweizen wird, wie Grünroggen, in geringem Umfang als Winterzwischenfrucht zu Futterzwecken angebaut.

Mais zählt ebenfalls zu den Getreidearten und wird, je nach Erntezustand und Verwendung, unterschieden in Körnermais (Futter- und Industriemais), Silomais (ca. 60 %), Energiemais und Saatmais. In diesem Kapitel werden Wildschäden im Mais wegen ihrer Wichtigkeit, getrennt von den übrigen Getreidearten, behandelt.

Unmittelbar nach der Saat

Getreidesaat geht eher selten lückenlos und gleichmäßig auf. Sie wächst auch nicht immer absolut gleichmäßig heran. Dafür sorgen Drillfehler, verursacht oft durch grobe Schmutzteile im Saatgerät, oder weil Teile klemmen. Das kann dazu führen, dass ganze Saatreihen oder eben Abschnitte fehlen. Grundsätzlich deuten alle regelmäßig wiederkehrenden Fehlstellen auf technische Ursachen hin. Typisch sind Fehlstellen am Gewende einer Parzelle, also dort, wo die Maschine wendet. Das trifft auch auf andere Arbeitsgänge wie Düngung oder Spritzung zu. Solche Ausfälle sind nicht ersatzpflichtig, doch können die technisch bedingten Fehlstellen gleichzeitig mit echtem Wildschaden auftreten. Beide vermischen sich dann und man muss sehr genau hinschauen, um den Ausfall möglichst realistisch zuzuordnen.

Fehlstellen können auch durch Pflanzenkrankheiten, Düngefehler, Pflanzenschutzmittel, Schädlinge oder minderwertiges Saatgut entstehen. Dabei fallen nicht ganze Reihen oder Reihenabschnitte aus, vielmehr sind die Ausfallstellen flächig angelegt. Organische Ursachen (Krankheiten, Schädlinge) führen eher zu „runden" Schadbildern ohne scharfe Grenzen; schlechtes Saatgut wirkt sich eher über die ganze Fläche aus (geringe Bestückung mit Lücken); technische Mängel bei Düngung oder Herbizid- oder Pestizideinsatz führen eher zu „eckigen" Schadbildern.

Burgenland LJG § 109

Auf nachweisliches Verlangen der oder des Jagdausübungsberechtigten hat die Bewirtschafterin oder der Bewirtschafter von Ackerflächen, die innerhalb von 10 m zur Waldgrenze liegen, die oder den Jagdausübungsberechtigten zu verständigen, wann die Aussaat von Ackerfrüchten voraussichtlich vorgenommen wird, damit die oder der Jagdausübungsberechtigte Maßnahmen zur Wildschadensabwehr setzen kann.

Mitunter ist auch der Mutterboden so flach und überdies ungleich über dem Ortstein verteilt, dass Fehlstellen entstehen, die nicht in die hier beschriebenen Schemen passen.

Nicht nur der Landwirt, sondern auch der Jäger sollte daher die Getreideflächen seines Reviers – von der Keimung an – bewusst und kritisch beobachten, um sich unnötigen Ärger und Kosten zu ersparen.

Um echten Wildschaden handelt es sich, wenn Schwarzwild unmittelbar nach dem Drillen die Saat umbricht. Das ist häufig dann der Fall, wenn im Vorjahr auf gleicher Fläche Kartoffel oder Mais angebaut wurde. Bei der maschinellen Ernte bleiben viele kleine Kartoffeln oder Maiskörner auf dem Acker zurück und werden anschließend untergepflügt. Einzelne Sauen brechen einfach die Reihen auf und hinterlassen ein überschaubares Bild. Rotten gehen flächig zu Schaden.

Fasane und andere Vögel

Schäden können bereits unmittelbar nach der Aussaat eintreten. Hühnervögel, Krähen und Tauben picken und scharren nach den Saatkörnern. Selten geht nur eine Art zu Schaden; wo sich Fasane auf einem Saatacker einfinden, bleiben Rabenvögel und Tauben nicht lange aus. Fasane bearbeiten meist einzelne Reihen und arbeiten sich dabei von Saatkorn zu Saatkorn. Da Fasane in Gruppen auftreten, picken mehrere von ihnen gleichzeitig, sie bearbeiten also mehrere Reihen. Dadurch entstehen insgesamt meist unregelmäßige Schadbilder, anders als bei technisch bedingten Ausfällen.

Anfangs wird mit dem Schnabel nach den Körnern gebohrt, teilweise auch gescharrt. Doch sobald die Keimlinge erscheinen, werden diese einfach herausgezogen und das Korn abgepickt. Die Pflänzchen selbst bleiben liegen. Schwierig ist die Sache überall dort, wo zwar die von Fasanen verursachten Schäden, nicht aber jene der Krähen bezahlt werden müssen. Wo Wildtauben auftreten, sind fast immer auch Haustauben zu finden. Das macht die Sache dort noch komplizierter, wo Schäden der Wildtauben bezahlt werden müssen.

Natürlich wird jeder Landwirt, so es nur ein paar Fasane in der Gegend gibt, auf deren Täterschaft pochen. Beide, Landwirt und Jäger, tun gut daran, Beweise zu sammeln und zu sichern:

- Geläufe (Spuren),
- Fasanengestüber (Kot),
- Sichtbeobachtungen,
- Fotos.

Waren Krähen am Werk, hinterlassen sie im Erdreich oft dicke Schnabelmarken, auch wenn bereits Keimlinge da sind. Es kann durchaus sein, dass Fasane beteiligt waren und ihre Spuren hinterließen, etwa Kot (Gestüber), gleichzeitig aber große Krä-

Hier sollen mit einer Ablenkfütterung die aus der angrenzenden Deckung ins Getreide laufenden Fasane mit Weizen abgelenkt werden ...

An den Fraßplätzen der Wildkaninchen (hier im Wintergetreide) finden sich fast immer Scharrstellen und Losung; häufig graben sie auch kurze Röhren.

henschwärme, dann entsteht schnell ein falsches Bild. Wenn sich auf einem Acker zehn Fasane aufhalten, ist das meist schon viel. Krähenschwärme bestehen hingegen im Herbst oder Frühjahr oft aus hundert oder zweihundert Vögeln.

Bis zu einem gewissen Grad lassen sich Fasanenschäden am auflaufenden Getreide durch Ablenkfütterung verhindern oder zumindest mildern. Mitunter ist eine solche Ablenkfütterung jedoch teurer als die ohne sie entstehenden Schäden. Ablenkfütterung kann auch kontraproduktiv sein, wenn sie in größerer Zahl Rabenvögel anlockt.

Es ist immer wichtig, den geschädigten Landwirt umgehend auf Verursacher hinzuweisen, für deren Schäden kein Ersatz geleistet werden muss, egal, ob es sich nun um Krähen, Wild- oder Haustauben handelt. Nach Möglichkeit sollte der Jäger fotografisch Beweise sichern. Kann er einen Schwarm Saatkrähen auf dem Acker bildlich dokumentieren, hat er beim amtlichen Schätzer und erst recht vor Gericht gute Karten.

Verbiss von Saatgetreide im Winter und Frühjahr

Wintersaaten werden vom wiederkäuenden Schalenwild sowie von Hasen und Kaninchen sehr gerne und teils intensiv beäst. Dabei kann es durchaus zu erheblichen Schäden kommen. Am wenigsten fällt Rehwildverbiss auf; wirtschaftlich ist er kaum von Bedeutung. Die Rudeltiere – Rot-, Dam- und Muffelwild – verursachen hingegen oft große, meist von den Rändern abgerückte Fraßstellen. Sie hinterlassen durch ihren Kot (Losung), ihre Spuren (Fährten) und ihre Lagerstätten eindeutige Hinweise auf ihre „Täterschaft".

Kaninchenschäden sind immer flächige Randschäden. Sie „mähen" an den Rändern. Das heißt, die Tiere äsen die Saat unmittelbar vor sich halbkreisförmig ab und schieben dann ihren Körper nach. Da sie sehr gesellig sind, sitzen fast immer mehrere Tiere nebeneinander. So entstehen die flächigen Schäden direkt an den Feldrändern, also neben Hecken, Waldrändern oder Heideflächen, in denen sich die Baue befinden. Stets hinterlassen Kaninchen Kot (Losung) und Scharrstellen.

Ganz anders verhalten sich Feldhasen. Sie sind „Einzelkämpfer"; selbst zwischen säugender Häsin und Junghasen gibt es nur einen kurzen nächtlichen Kontakt. Althasen verkehren nur zum Zwecke der Fortpflanzung miteinander. Ihr Einfluss auf die Saaten ist daher auch in Revieren mit gutem Feldhasenvorkommen fast immer unbedeutend.

Getreidefraß und Verschmutzung durch Schwäne und Wildgänse

Beide Arten verursachen manchmal erheblichen Ärger. Vor allem Wildgänse fallen in ihren Überwinterungsgebieten in teils unglaublich großer Zahl im Wintergetreide ein, um zu fressen. Die dabei entstehenden Schäden werden unterschiedlich bewertet. Teilweise wird die Meinung vertreten, dass ein mäßiger „Rückschnitt" der Getreidepflanzen durch die Gänseschnäbel das Wurzelwachstum anrege und der Verlust an Blattmasse mit Beginn der Vegetationszeit rasch wieder aufgeholt werde. Hier wird es wohl auf die Zahl der zu Schaden gehenden Gänse ankommen. Im norddeutschen Raum fallen oft tausend Gänse und mehr gemeinsam zur Nahrungssuche ein, ebenso in den benachbarten Niederlanden und in Polen. Parallel zu den Fraßschäden entstehen solche durch Verkotung. In manchen Fällen kann es sogar zum Totalausfall von Wintergetreide kommen.

Vergrämung der Gänse durch Abschuss oder sonstige Störung führt nicht zu wirklicher Abhilfe, sondern nur zur Verlagerung der Schäden.

Schwäne können im Winterhalbjahr zwar auch größere Trupps bilden, treten aber nie in ähnlich großen Zahlen auf wie Wildgänse. Bei ihnen wiegt die Verkotung schwerer als der Fraß.

Getreidefraß ab der Milchreife

Die größten Schäden entstehen ab der Milchreife. Darunter wird ein Reifezustand verstanden, bei dem die Getreidekörner noch deutlich kleiner sind als in der nachfolgenden Teig- und Mehlreife. Sie sind überdies noch hell und sehr feucht. Die Körner lassen sich zwischen den Daumennägeln zerdrücken, wobei eine weiße, süßliche Flüssigkeit ausgepresst wird.

In der nachfolgenden Teigreife haben die Körner schon nahezu die Größe der ausgereiften Körner. Sie sind jedoch noch weich, werden aber zusehends trockener. Sie erlangen schließlich die Mehlreife – den Erntezustand.

In diesen drei Entwicklungsphasen entstehen in allen Getreidearten Schäden durch zahlreiche Wildarten. Dabei ist die langgrannige Gerste beim Wild weniger beliebt als die übrigen Getreidearten. Zu Schaden gehen alle am Standort vorkommenden Schalenwildarten, aber auch Hasen und Kaninchen, Dachse, Waschbären, fast alle Nager von der Maus bis zum Biber ebenso wie Stockenten und zahlreiche andere Vogelarten. Damit ist schon aufgezeigt, dass Schäden so früh als möglich entdeckt und gemeldet werden müssen, was für beide Seiten gilt. Der Landwirt riskiert bei verspäteter Meldung den kompletten Verlust der Entschädigung und der Jäger läuft Gefahr, auch Schäden ersetzen zu müssen, die durch Arten verursacht oder mitverursacht worden sind, die nicht unter die Ersatzpflicht fallen.

Daher immer Augen auf und besonders die in Waldnähe gelegenen Getreideschläge kontrollieren! Wo das Gelände den Blick von oben nicht ermöglicht, sollte man sich den Einsatz einer Drohne überlegen. Sie zeigt entstehende Schadbilder problemlos auf.

Schäden durch Schwarzwild

Wie in vielen anderen Kulturen sind Schwarzwildschäden meist die ärgerlichsten, weil die sekundären Trampel-, Umbruch- und Lagerschäden mitunter größer sind als die Fraßschäden selbst. Häufig ziehen Wildschweine das Getreide büschelweise aus dem Boden und kauen dann die Ähren durch. Dabei lassen sie die Spelzen zurück. Alle anderen Schalenwildarten beißen die Ähren oder Rispen einfach ab.

Wind oder anhaltende Niederschläge führen häufig zur Lagerbildung im Getreide, noch ehe Wildschäden eintreten. Hier gilt es aufmerksam zu sein und eventuell zu dokumentieren.

Schwarzwild baut sich zudem Kessel und bricht auf der Suche nach Mäusen auch noch den Boden um, wobei flächig Halme niedergetreten werden. Mäuse werden vor allem dann zum Problem, wenn starker Regen oder Wind die Halme zu Boden drücken. Dabei entstehen Lagerschäden in Form großer „Matratzen", unter denen sich die Mäuse sicher fühlen und höchst bequem Nahrung im Überfluss finden.

Die Ursache oder Mitursache für Lagergetreide kann aber auch die Witterung sein; Sturm und schwerer Regen kann das Getreide flachlegen. Brechen die Sauen erst nach Mäusen, wenn das Getreide schon flach liegt und für die Ernte ohnehin verloren ist, kann man kaum von Wildschaden sprechen. Wird aber zuerst gebrochen, wobei das Halmgefüge beschädigt wird, haben Regen und Wind leichtes Spiel. Dann handelt es sich zumindest zu einem gewissen Grad um Wildschaden. Lagerschäden können jedoch durch alle in Rudeln lebenden Schalenwildarten entstehen. Je größer die Parzellen sind, umso höher ist auch die Gefahr von Lagerschäden, weil das Wild in großen Feldstücken auch gerne ruhend den Tag verbringt. Manchmal verlässt es große, abgelegene Getreideschläge tage- oder wochenlang nicht. Dabei bilden sich auch breite Wechsel, auf denen das Getreide plattgetreten wird.

Besonderheiten bei der Vergütung von Maisschäden

Baden-Württemberg

Wildschaden an Mais muss nur zu 80 % ersetzt werden, es sei denn, die geschädigte Person weist nach, dass sie die üblichen und allgemein zumutbaren Maßnahmen zur Abwehr von Wildschäden unternommen hat.

Schleswig-Holstein

Wildschaden, der auf mit Mais bebauten Schlägen entsteht, wird nicht ersetzt, wenn die Herstellung von üblichen Schutzvorrichtungen unterblieben ist. Die Ersatzpflicht für Wildschäden bleibt bestehen, wenn der Geschädigte auf dem mit Mais bebauten Schlag Schneisen freigehalten hat, die eine wirksame Bejagung des Schadwilds ermöglichten.

Getreidefraß durch andere Tierarten

Für den Jäger wichtig ist zwar vor allem das Schalenwild, seltener schon Hase und Kaninchen. Schäden anderer Arten müssen entweder nicht ersetzt werden oder sie sind, was ihre Ausmaße betrifft, einfach nicht relevant. Gleichwohl ist es für Landwirt und Jäger wichtig, sie zu kennen und sich mit ihnen auseinanderzusetzen. Manchmal werden Wildschäden auch erst durch Witterungsschäden ausgelöst oder vergrößert. So können Wildenten mit stehendem Getreide wenig anfangen, während sie im Lagergetreide oft in großer Zahl einfallen. Gleiches gilt auch für Wild- und Haustauben, die häufig gemischt auftreten.

Gelegentlich sorgen benachbarte Örtlichkeiten wie Kläranlagen, Mülldeponien oder Schlafbäume dafür, dass einzelne Getreidefelder ungewöhnlich stark von Krähen angeflogen werden. Auch Wildenten bevorzugen Lagergetreide, das nahe ihren Ruhegewässern liegt.

Tabelle 12 gibt einen Überblick über die am reifenden Getreide (ohne Mais und Hirse) interessierten Tierarten.

Tabelle 12

Schäden am reifen Getreide

Verursacher	Merkmal	Lokalisation	Indizien
Schwarzwild	Halme oft büschelweise ausgerissen, Ähren zerkaut, Spelzen bleiben zurück. Oft mehr umgedrückt als gefressen, Boden oft umgewühlt.	Parzellen liegen eher waldnahe, Schadstellen bevorzugt im Zentrum.	Sichtbeobachtung, Fährten, Losung, Kessel, Geruch
Rot-, Dam- und Muffelwild	Halme bleiben stehen, Ähren werden abgerupft, häufig breite Wechsel und Lagerstellen.	Wie Schwarzwild	Sichtbeobachtung, Fährten, Losung, stehende Halme
Rehwild	Schäden wenig auffällig, nicht konzentriert	Unregelmäßig verteilt, auch am Parzellenrande und oft weiter vom Wald entfernt	Wie oben, Schadbild insgesamt wenig auffällig
Hase	Halme werden flächig unten (5 bis 20 cm Höhe) abgebissen, niedergezogen und dann die Ähren abgetrennt.	Gerne an Rändern, in Fahrspuren oder von diesen ausgehend und sporadisch über die Parzellen verteilt	Abgebissene Halme werden nicht gestückelt; meist Losung zu finden.
Kaninchen	Fraßbild ähnlich wie beim Hasen	Immer flächig an Rändern, möglichst nahe an den Bauen	Lokalisation, Losung, Scharrstellen
Biber und Nutria (keine große Bedeutung)	Halme werden heruntergedrückt und Ähren abgebissen; fast nur Weizen betroffen, wenn Mais oder Rüben fehlen.	Selten weiter als 20 m vom Wasser entfernt und fast immer nur am Parzellenrand	Ausstiege am Ufer, oft sichtbare Wechsel, gelegentlich Losung
Waschbären	Schäden meist geringer als jene von Kleinnagern und Vögeln		
Mäuse (Feldmäuse können nicht klettern)	Halme werden in 3 bis 8 cm Höhe abgenagt und meist mehrmals gestückelt, weil sie mit den Ähren zwischen den Nachbarhalmen hängen bleiben. Feldmäuse legen Vorratslager an.	Innerhalb der Parzellen, wobei bis 1 Ar große „Kahlschläge“ entstehen, die den Mäusen das Fällen erleichtern.	Feldmausbaue, Kot und Fraßbild

Verursacher	Merkmal	Lokalisation	Indizien
Feldhamster (keine große Bedeutung)	Ähnlich wie oben, auch Hamster legen Vorratslager an.	Hamster leben und ernten einzeln, daher keine flächigen Schäden.	Hamsterbaue, doch legen Hamster auch größere Strecken zwischen Bau und Getreide zurück.
Wildenten (selten relevant)		Lagergetreide	Sichtbeobachtung, Gestüber (Kot), Federn
Ringeltauben (selten relevant)	Häufig treten Wild- und Haustauben gemeinsam auf, was eine Schadensermittlung fast unmöglich macht.	Lagergetreide	wie oben
Krähen		Lagergetreide	wie oben
Kleinvögel	Kleinvögel fressen sowohl am Lagergetreide wie am stehenden Halm.	undifferenziert	Sichtbeobachtung und Kot an den Halmen

Die meisten Schäden im reifen Getreide entstehen durch Schalenwild. Je größer die Parzellen sind, umso schwieriger wird die Bejagung.

Feldhasen, Mäuse und Hamster

Getreidefraß durch Hasen betrifft den Jäger immer, auch wenn in seinem Revier durch Feldhasen verursachte Schäden nicht ersetzt werden müssen. Es gibt regelmäßig Diskussionen, doch häufig sind die Verursacher vermeintlicher Hasenschäden schlicht Feldmäuse.

Das Auftreten von Feldmäusen ist weitgehend von der Witterung abhängig. Starke Regenfälle und Überschwemmungen verhindern ihre Vermehrung. In trockenen Jahren kommt es hingegen zu einer starken Feldmausgradation. In der Folge können im reifenden Getreide flächige Schäden entstehen, die häufig dem Feldhasen zugeschrieben werden.

Feldmäuse haben mit den langen Getreidehalmen Probleme. Nagen sie diese in bequemer Arbeitshöhe von 3 bis 8 cm über dem Boden ab, passiert dann genau dasselbe wie beim Fällen eines Baumes. Der Halm bleibt mit seiner „Krone", der Ähre, in den Nachbarhalmen hängen und muss mehrmals gekappt werden, ehe er endlich zu Boden fällt. Die Maus versucht ihn herabzuziehen, beißt aber schließlich so lange kurze Stücke vom Halm ab, bis dieser, gedrückt vom Gewicht der Ähre, zu Boden sinkt. Die Mäuse erleichtern sich die Arbeit, in dem sie „Kahlschlagwirtschaft" betreiben. Sie bauen entstandene Lücken aus und schaffen so im Getreide Freistellen, die bis zu einem Ar groß sein können. Da nicht alle Halme gleichermaßen zäh mit ihren Ähren hängen bleiben, entstehen unterschiedlich lange Halmabschnitte. Bei schwierigen Fällungen entstehen kurze Teilstücke, daneben liegen dann auch ganze Halme, die nur einmal abgebissen wurden.

Hasen und Kaninchen hingegen machen einen einzigen Biss und ziehen den Halm herunter.

Auch die Art des Schnittes gibt Hinweise auf den Verursacher. Hasen beißen die Halme – meist – auch nicht wesentlich höher ab als Feldmäuse, aber ihre Schnitte sind gerade und bei schon strohigen Halmen leicht ausgefranst. Beißt der Hase einen Halm allerdings in einer Höhe von über 10 cm ab, wird die Bissspur durch die Schräghaltung des Kopfes ebenfalls schräg. In diesem Fall verrät aber die Höhe des stehen gebliebenen „Stocks" den Verursacher.

Hasen können in Getreidefeldern auch „Kahlschlagwirtschaft" betreiben. Sie beißen die Halme in bequemer Höhe ab.

Feldmäuse fällen Getreidehalme, die mit den Ähren hängenbleiben, abschnittsweise.

Trotz der unterschiedlichen Praxis bei der „Fällung" der Halme gelingt die Zuordnung nicht immer auf den ersten Blick. Feldmäuse legen häufig mehr oder weniger große Flächen inmitten der Getreidefelder flach. Der Betrachter ist geneigt, solches Schadbild den Hasen oder auch Wildkaninchen zuzuordnen.

Tatsächlich treten Feldhasen eher punktuell in Erscheinung. Sie nutzen Fahrgassen und kleine Lücken oder tun sich gleich an den Rändern gütlich. Manchmal arbeiten sie jedoch auch in die Tiefe und es entstehen kleine „Kahlschläge", die der Jäger gerne den Mäusen zuordnet.

Kaninchen äsen ebenfalls flächig, aber nie im Inneren der Felder, sondern nur am Rande und zwar immer nahe einer Deckung und ihrer Baue.

Dort nutzen auch die im Wald lebenden Mäusearten Getreideähren. Sie können jedoch – im Gegensatz zu den Wühlmäusen des Feldes – klettern und beißen die Ähren direkt ab. Ihr Fraßbild erinnert daher eher an den Ährenverbiss durch Rot- oder Rehwild; die Halme bleiben stehen, die Ähren fehlen. Wirklich großflächige Schäden verursachen Waldmäuse im Getreide nicht.

In früheren Zeiten galten Feldhamster als große Schädlinge. Heute sind die von ihnen an Getreide verursachten Schäden nicht mehr der Rede wert, auch wenn manche Landwirte das anders sehen wollen. Die Tiere leben territorial, ihre Siedlungsdichte ist gering und vielerorts sind sie ausgestorben. Ursachen für diese Abnahme sind mehrfache Flurbereinigung und damit ständiges Wachsen der Schlaggröße ebenso wie das Fehlen der Winterstoppeln und der Rückgang des Klee- und Luzerneanbaus. Inzwischen weichen Hamster teilweise in ortsnahe Bereiche aus, legen ihre Baue im Brachland oder in Hausgärten an.

Schäden im Getreide – Hase oder Feldmaus?

Worauf achten wir?

- Finden sich im Bereich der Schadstelle Baue der Feldmaus, Mäusekot oder Hasenlosung?
- In welcher Höhe wurden die Halme abgenagt?
- Sind die Halme teilweise in kurze Stücke zernagt?
- Wie schauen die Schnitte aus?

Schalenwild und Maisacker

Schwarzwild verursacht im Mais (Mais ist eine Getreideart) ähnliche Schäden wie in den übrigen Getreidearten, die aber in Summe alle anderen übertreffen. Die ersten Schäden treten gelegentlich schon unmittelbar nach der Saat auf, auch dann, wenn das Saatgut gebeizt wurde.

Etwa ab dem Sechsblattstadium gewinnt der Mais für Rehwild Attraktivität als Einstandsfläche. Dabei werden auch die jungen Blätter verbissen, was aber eher selten zu echten Schäden führt, da die Rehe territorial leben und während der Vegetationszeit nicht in größeren Rudeln auftreten. Größere Maisparzellen werden gelegentlich etwa ab Juli vom Rotwild als Einstand gewählt, wobei es nicht nur zu erheblichen Verlusten von Blattmasse kommt, sondern auch die heranwachsenden Kolben verbissen werden. Dies wirkt sich im Saat- und Körnermais besonders dramatisch aus.

Tabelle 13
Schäden am Mais, sobald er Deckung gewährt

Verursacher	Merkmal	Lokalisation	Indizien
Schwarzwild (größter Schadensverursacher)	Ab der Teigreife werden erreichbare Kolben abgerissen, ansonsten die Stängel umgebrochen. Gefressen wird äußerst verschwenderisch. Im Mais breite Wechsel, Kesselbau, Gebräch und vereinzelt Suhlen	Parzellen eher waldnahe, die Schadstellen selbst eher im Zentrum	Sichtbeobachtung (Drohnen!), Fährten, Losung, Kessel, Geruch
Rot- und Damwild	Kolbenverbiss schon ab Milchreife, Lieschblätter werden teilweise abgezogen, die Kolben von der Spitze her verbissen.	Parzellen eher waldnahe, Schadstellen eher im Zentrum	Sichtbeobachtungen, Fährten, Losung
Rehwild	Verbiss junger Blätter und Kolben, teilweise schon vor der Teigreife. Lieschblätter werden abgezogen.	Auch im Zentrum großer Feldreviere, weit vom Wald entfernt	Sichtbeobachtungen, Fährten, Losung
Braunbär (in Deutschland kein Thema, in Österreich selten)	Verschwenderischer Kolbenfraß, wobei meist viele Stängel zusätzlich umgebrochen werden. Bär nimmt gelegentlich auch seinen Tagesaufenthalt im Mais.	Maisparzellen in Waldrandnähe werden bevorzugt. Fraß erfolgt am Parzellenrand wie in der Mitte.	Für den Laien nicht ganz einfach zuordenbar, eventuell im feuchten Erdreich Brantenabdrücke, gelegentlich Losung
Dachs	Schäden entstehen vor allem während der Milchreife, erinnern an jene des Schwarzwildes, sind aber meist kleinflächiger. Oft sind beide Verursacher am Werk. Kolben werden nicht systematisch abgebissen.	Innerhalb des Schlages, aber dennoch eher in Randnähe	In Gruben abgesetzte Dachslosung, häufig mit Resten unverdauter Maiskörner. Im feuchten Boden finden sich eventuell Brantenabdrücke.
Waschbär	Häufig nur Sekundärverwertung, wo Schwarzwild verschwenderisch frisst		

Verursacher	Merkmal	Lokalisation	Indizien
Biber (Schäden meist gering)	Schäden entstehen selten weiter als 20 m vom Gewässer entfernt.	Fast immer am Parzellenrand	Ausgetretene Wechsel, Stängel werden ins Wasser gezogen und teilweise verloren. Vereinzelt findet sich Losung.
Bisam	Ähnlich wie Biber		
Mäuse, Ratten	Schäden entstehen vor allem in trockenen Jahren oft flächenhaft.	Besonders gefährdet sind Felder in Gewässernähe.	Zahnmarken an Maiskörnern, beim Nagen fallen „Späne“ ab. Abgenagte Lieschblätter, Spuren im feinen Schwemmsand zwischen den Reihen
Fasane und Ringeltauben (An größeren Schäden sind meist Krähen Hauptverursacher.)	Fasane treten selten in so großer Zahl auf und bleiben eher zusammen. Beide Arten picken nur auf dem Boden liegende Kolben an; Fasane springen gelegentlich auch hoch. Tauben picken aus den noch am Stängel befindlichen Kolben.	Die Schäden treten daher konzentrierter und meist auch randnäher auf.	Sichtbeobachtungen und Gestüber, das sich aber meist auch ohne Schäden zwischen den Maisreihen findet.
Rabenvögel	Im Gegensatz zu den weit schwereren Fasanen picken Krähen die Kolben am Stängel an.	Krähen fliegen meist schwarmweise ein und verteilen sich dann über das Feld. Die angepickten Kolben sind folglich auf der ganzen Fläche verteilt zu finden.	Krähen suchen den Mais ausschließlich der Körner wegen auf. Kolben werden angepickt, auf den Blättern findet sich Kot (Geschmeiß).

Hier haben Biber in Gewässernähe Maisstängel geerntet und über den Weg ins Wasser gezogen.

Starker Blattverbiss an Hirse durch Rotwild.

Schwarzwildschaden im reifenden Mais.

Hasen beißen Getreidehalm quer ab, Mäuse nagen schräg.

Auch dicke Maisstängel schneidet der Biber mit einem Schrägschnitt glatt ab.

Nagespuren von Mäusen an Maiskolben; an den Körnern sind feine Zahnmarken erkennbar.

In der Nähe von Gewässern suchen Ratten und Bisam den reifenden Mais heim. Dabei entstehen ausgetretene Wechsel zwischen Gewässer und Mais.

Von Rabenvögeln geschädigte Maiskolben. Die Lieschblätter werden in Streifen abgezogen.

SCHÄDEN AN HACKFRÜCHTEN: KARTOFFELN

Fraßschäden durch Schwarzwild

Kartoffeln sind durch Schwarzwild praktisch während der gesamten Anbauzeit gefährdet. Je näher ein Kartoffelacker beim Wald liegt, umso größer ist die Gefahr, dass er heimgesucht wird. Dabei bevorzugt das Schwarzwild zwar einzelne Sorten, es gibt aber keine Sorte, die es verschmäht! Grundsätzlich scheinen Frühkartoffeln – unabhängig von der Sorte – stärker gefährdet zu sein als späte Sorten.

Die ersten Schäden können schon unmittelbar nach dem Ausbringen der Saatkartoffeln entstehen. Dabei lassen die Wildschweine nicht selten mehr aus der Erde gewühlte Saatkartoffeln liegen, als sie tatsächlich fressen. Ob es möglich und sinnvoll ist, diese Schäden manuell zu beheben, hängt wesentlich vom Schadensumfang ab.

Kartoffeln sind vor allem in Waldnähe gefährdet. Sie werden vom Schwarzwild von der Saat bis zur Ernte angenommen.

Saatkartoffeln werden zunehmend weich und süß und finden daher beim Wild etwa bis zur Blüte der Pflanzen großen Gefallen. Zudem suchen die Sauen auch Weichtiere und Insekten sowie deren Larven, die sich unter den Saatkartoffeln aufhalten. Bei kleineren Schäden lohnt es sich, die ausgehobenen Stöcke sofort wieder anzuhäufeln. Sie wachsen, wenn es nicht zu trocken ist, weiter. Erfolgt der Schaden jedoch erst nach der Blüte, kommt es zu Ertragseinbußen. Dies ist vor allem dann der Fall, wenn die an den Wurzelstöcken hängenden Knollen abgerissen worden sind. Jetzt können die Pflanzen ihre ganze Kraft in das Blattwachstum investieren. Die geschädigten und neuerlich angehäufelten Stöcke mögen dann besonders gesund und wüchsig ausschauen, bringen aber keinen oder nur geringen Ertrag.

Fraßschäden durch Wiederkäuer

Während das Schwarzwild die frisch gelegten Kartoffeln mit dem Wurf aushebt, schlagen sowohl Rot- als auch das Damwild diese mit den Läufen aus dem Boden. Beide Wildarten äsen recht verschwenderisch. Ein Teil der Knollen bleibt einfach liegen, andere werden nur angebissen. Petrak stellte bei Untersuchungen in Holstein bei Damwild eine eindeutige Bevorzugung festkochender Kartoffelsorten fest. Die Schäden aller drei Wildarten können sich vermischen.

Im Gegensatz zum Schwarzwild äsen Rot- und Damwild und das Rehwild auch das Blattwerk der Kartoffeln. Das Maximum der Krautbeäsung liegt im Hochsommer. Das Rehwild verbeißt das Blattwerk selten flächig, eher sporadisch. Die Pflanzen werden nicht ihres gesamten Blattwerks beraubt. Sie kürzen in der Regel nur die Spitzen ein und lassen genügend Stängel- und Blattmasse stehen. Rehe treten zudem nicht in Rudeln auf; meist erscheinen nur Einzeltiere oder kleine Familien, die ihrerseits nicht dicht gedrängt äsen, sondern verteilt. Dabei entstehen kaum nennenswerte Schäden.

Rot- und Damwild äst mitunter „konsequent“. Solange an den einzelnen Pflanzen jedoch nicht mehr als ein Viertel der Blattmasse gefressen wird, wachsen sie ohne allzu große Knollenverluste weiter. Fehlt jedoch deutlich mehr Blattmasse, führt das zu einer Beeinträchtigung der unterirdischen Pflanzenteile. Da Rot- und Damwild meist in Rudeln auftreten, kann es zu erheblichen Schäden kommen.

Gelegentlich treten Blattverluste durch Wildfraß gemeinsam mit solchen durch Kartoffelkäfer auf. Bei oberflächlicher Betrachtung kann es zu Verwechslung und Fehlbeurteilung kommen. Schalenwild verbeißt aber zwangsweise immer von oben her. Meist bleibt ein Teil der Blätter unbeschädigt. An den verbissenen Blättern zeichnet sich mitunter die Zahnreihe ab. Käferfraß ist klein strukturiert, buchtenreich und erfolgt auch im Bereich der unteren Blätter.

Einfluss von Blattverlust auf den Ertrag

Welche Verluste durch Blattfraß an Kartoffeln tatsächlich eintreten, führt immer wieder zu Diskussionen. Untersuchungen von Hare (zitiert bei Diekmann 1980) ergaben, dass 90%ige Entlaubung von Kartoffeln während der Blütezeit einen 50%igen Ertragsverlust zur Folge hatte. Eine immerhin noch 70%ige Entlaubung (schwerer Wildschaden) führte allerdings nur noch zu 15 % Ernteverlust. Entscheidend ist wohl der Zeitpunkt des Blattverlustes. Vor Erreichen der Erntereife ziehen die Kartoffelpflanzen ihre Stängel und Blätter ja ein, sie welken ab. Je später das Laub vom Wild geäst wird, umso geringer sind die Auswirkungen auf den Ertrag. Hatten die Stauden erst einmal eine Höhe von 15 bis 20 cm erreicht oder trat der Verbiss nicht vor Mitte August ein, hatte selbst eine totale Entlaubung keine Auswirkungen auf den Ertrag. Allerdings verschiebt sich das Verhältnis großer zu kleiner Kartoffeln. Es werden weniger Speisekartoffeln geerntet.

Cranshaw und Radcliffe, zwei britische Wissenschaftler, stellten fest, dass es bei frühzeitigem Blattverlust spätreifer Sorten sogar zu leichten Mehrerträgen kommen kann. Sie konnten ihre Aussage allerdings nicht statistisch absichern.

Fraßschäden durch Nager

Auch Mäuse benagen Kartoffeln. Mengenmäßig halten sich derartige Schäden meist in Grenzen, doch lassen sich auch nur geringfügig angenagte Knollen nicht mehr in den Handel bringen.

In Gewässernähe fallen gelegentlich sowohl Bisam wie Nutrias unangenehm auf. Auch Biber fressen Kartoffeln, entfernen sich dabei aber selten weiter als 20 m vom Wasser. Typisch für sie ist, dass sie das Laub abbeißen und die Knollen ins Wasser tragen.

Verwechslungen mit vom Schalenwild verursachten Schäden sind nicht zu erwarten.

Beurteilung von Kartoffelschäden

Wenn Kartoffeln durch Wild geschädigt werden, kommt es immer wieder zu Differenzen bezüglich der Schadenshöhe, auch wenn über den Umfang des Schadens Einigkeit besteht. Es ist nämlich grundsätzlich die Frage, wofür die geschädigten Kartoffeln angebaut wurden. Unterschieden wird zwischen Saat-, Speise- oder Wirtschaftskartoffeln.

Am teuersten bezahlt werden Saatkartoffeln. Dabei kann der Landwirt seinen Anbau nicht erst nach Schadenseintritt zu Saatkartoffeln erheben, weil der Anbau immer auf Basis von Verträgen mit den Saatgutfirmen erfolgt (siehe Seite 23). Der Nachweis, dass es sich um einen anerkannten Saatgutanbau handelt, ist zumutbar. Vor einer gütlichen Einigung sollte sich der Ersatzpflichtige über die Bedingungen informieren, die für den Anbau von Saatkartoffeln gelten.

Handelt es sich um den Anbau von Speisekartoffeln, ist darauf zu achten, dass anerkanntes Saatgut verwendet wurde. Im gewerbsmäßigen Anbau ist davon auszugehen. Nicht so bei kleinen Anbauten, die ausschließlich für den Eigenbedarf gedacht sind. Hier werden gelegentlich Reste der letztjährigen Ernte an Speisekartoffeln als Saatgut verwendet. Erfahrungsgemäß reduziert sich bei wiederholtem Anbau der Ertrag ganz deutlich, und zwar um bis zu 40 %.

Bei kleineren Schäden stellt man zunächst den Reihenabstand und den Abstand in der Reihe fest. Man zählt die geschädigten Pflanzen und rechnet auf die Fläche um. Zur Feststellung des Durchschnittsertrags einer Staude werden mindestens 30 Stöcke gezogen, gewogen und gemittelt. Diese müssen von mindestens sechs Teilflächen stammen. Es dürfen keine Einzelpflanzen sein, vielmehr müssen immer zumindest fünf unmittelbar benachbarte Stöcke gezogen werden.

Abwehrmaßnahmen

Von allen Arten reagiert Rotwild auf menschliche Störungen am empfindlichsten. Während das Schwarzwild ein Feld oft mehrere Nächte in Folge heimsucht, kommt Rotwild selten zwei oder gar mehr Nächte hintereinander. Daher ist es wichtig, gefährdete Felder im Auge zu behalten, um spätestens nach der ersten Schadensnacht entsprechende Maßnahmen zu setzen. Störungen, etwa eine Stunde nach Einbruch der Dunkelheit und später in unterschiedlicher Folge, können Erfolg haben. Einzelne „Kracher“, wie sie an Silvester verwendet werden, haben eine unterstützende Wirkung.

Den besten Schutz bieten immer noch E-Zäune. Zur Abwehr von Schwarzwild genügt eine Höhe von 100 cm. Gilt es auch Rot- oder Damwild fernzuhalten, sind zwei weitere Drähte bis zu einer Höhe von 180 cm erforderlich.

Beschädigung von Kartoffelmieten

Insbesondere Rot- und Schwarzwild brechen im Winter gelegentlich die im Feld angelegten Kartoffelmieten auf. Früher wurden die Knollen nur mit Stroh abgedeckt und dieses mit Erde überworfen. Heute finden vielfach Kunststofffolien Verwendung, die über das Stroh geworfen und seitlich mit Erde oder Reifen fixiert werden. Auch diese Folien schlägt das Wild mit seinen harten Schalen auf. Zum Problem werden derartige Einbrüche durch den eindringenden Frost. Derartige Wildschäden sind nicht ersatzpflichtig.

SCHÄDEN AN HACKFRÜCHTEN: RÜBEN

Schäden an Keimlingen und Jungpflanzen

Keimlinge und Jungpflanzen werden gerne vom Fasan gefressen (abgeäst), wobei die entstehenden Schäden oft schwer zuordenbar sind. Auch werden längst nicht alle Keimlinge tatsächlich gefressen; viele werden nur aus der Erde gezogen und bleiben liegen. Häufig gibt es auch „Mittäter", beispielsweise die Saatkrähen. Auch Hase und Kaninchen interessieren sich für die Jungpflanzen und verursachen vereinzelt sogar Totalverluste. Beide Arten beißen die Pflänzchen einfach ab. Beide Wildarten sind aber als (Mit-)Verursacher fast immer durch ihren abgesetzten Kot (Losung) identifizierbar. Kaninchen hinterlassen überdies Scharrstellen und konzentrieren sich – deckungs- oder baunahe – am Rande der Flächen. Hasen gehen eher in der Mitte zu Schaden.

Blattverbiss durch Schalenwild

Schalenwild nimmt die drei wichtigsten Rübenarten – Steck-, Zucker- und Runkelrübe – in allen Phasen ihres Wachstums bis zur Ernte an.

Der Anbau von Futterrüben ging in den letzten Jahren kontinuierlich zurück, damit verlieren sie auch beim Wildschaden an Bedeutung.

Rot- und Damwild reißt häufig die jüngeren Pflanzen ganz aus dem Boden, lange, ehe diese erntereif sind, und verzehrt nur einen kleinen Teil am Blattansatz. Daher sind die Verluste für den Landwirt mitunter groß, während nur ein kleiner Teil der Rüben tatsächlich gefressen wird. Lassen sich die Rüben nicht mehr aus der Erde ziehen, werden nur die oberirdischen Teile benagt oder gleich das gesamte Blattwerk gefressen, so dass die Rüben nicht mehr wachsen können.

Grundsätzlich gilt Blattverlust als Wildschaden, auch wenn nur ein Teil der Blätter gefressen wird und die Rüben selbst unbeschädigt bleiben und weiterwachsen, da Rübenblatt ein wertvolles Futtermittel darstellt.

Rehe interessieren sich für die Fruchtkörper kaum. Sie verbeißen nur das Blattwerk, was zu Wachstumseinbußen führen kann. Häufig lässt das Rehwild die dicken Blattadern stehen.

Blattverbiss durch Biber

In den letzten zwei Jahrzehnten verbreiteten sich Biber in Deutschland wie in Österreich immer weiter. Mitunter wird die Meinung vertreten, Biber würden sich nur für die Rüben selbst interessieren. Das trifft nicht zu. Vielmehr besuchen sie gewässernahe Zuckerrübenfelder bereits sehr früh und ästen die jungen Blätter ab. Allgemein gilt, dass sich Biber kaum weiter als 20 m vom Ufer entfernen. Doch gehen sie für Zuckerrüben in allen Entwicklungsstadien wesentlich weiter und wechseln dabei auch über Wege und Straßen.

Zuwachsverluste nur bei starkem Blattverbiss

Das Institut für Pflanzenkrankheiten der Universität Bonn und die Forschungsstelle für Jagdkunde und Wildschadensverhütung des Landes Nordrhein-Westfalen simulierten Blattverbiss an Zuckerrüben. Im Ergebnis verkrafteten die Rüben die simulierten Fraßschäden im 8- bis 10-Blattstadium weitgehend ohne Nachteile. Selbstverständlich kommt es darauf an, in welchem Maß die jungen Rübenpflanzen verbissen werden. Wo eine ganze Fläche abgeäst wird, gibt es keine Nachbarpflanzen, die Verluste ausgleichen. Trotzdem zeigen diese Versuche, dass Zuckerrüben zumindest einen mäßigen und gestreuten Verbiss ohne Nachteile verkraften.

Schäden an den Rüben selbst

Den heimischen Wiederkäuern fehlen im Oberkiefer die Schneidezähne. Daher können sie von den Fruchtkörpern auch keine Stücke abbeißen, wie dies Schwarzwild, Hasen und Nager tun. Wiederkäuer „schaben" das Fruchtfleisch ab. Häufig geschieht dies recht flüchtig, so dass am Fruchtkörper nicht viel Masse fehlt. Es kann aber in der Folge zu Fäulnis und damit auch zu realem Ernteverlust kommen.

Gelegentlich richtet auch Schwarzwild erhebliche Schäden an Rüben an. Es liebt die wasserhaltigen, nahrhaften Fruchtkörper und erbeutet dabei gleichzeitig Kleinnager, Weichtiere und Insektenlarven. Mitunter sind die Sekundärschäden wesentlich größer als die gefressene Rübenmasse.

Fraßschäden durch Hasen, Kaninchen und Kleinnager

Auch Hasen fressen verschwenderisch. Oft nagen sie die Rüben nur geringfügig an, was aber zu Fäulnis und Ernteverlust führt.

Typisches Fraßbild der Ratte.

Typisch für Feldhasen ist das tellerförmige Benagen. Die einzelnen Rüben werden dabei dicht unter den Blattansätzen so ausgehöhlt, dass nur noch eine kleine Säule erhalten bleibt.

Kaninchen gehen ähnlich vor wie Feldhasen, fressen aber immer flächig und möglichst nahe an ihren Bauen, also entlang von Hecken, Waldrändern oder Brachland. Feldhasen bewegen sich durch die Reihen und fressen sporadisch. Ihre Schäden sind unregelmäßig über die Fläche verteilt. Sind Wildkaninchen die Verursacher, finden sich zwischen den Rüben Losung und Scharrstellen.

Schermäuse benagen Rüben von unten her und höhlen sie dabei aus, während sich Feldmäuse von oben her in die Fruchtkörper der Rüben einarbeiten.

Wanderratten gehören zwar nirgends zum jagdbaren Wild, doch werden die von ihnen verursachten Schäden nicht selten dem Wild zugeordnet. Massive Rattenschäden entstehen an Rüben – wie beim Mais – vor allem auf Feldern, die sich in der Nähe von Gewässern oder Mülldeponien befinden. Die Schadbilder sind markant, da sich auch die Ratten von unten her in die Rüben einnagen und diese dabei aushöhlen.

Häufig bleibt dann nur eine dünne Schale stehen. Selbst wenn Ratten eine Rübe noch nicht ausgehöhlt, sondern nur von außen angenagt haben, so beginnen sie jedoch, bedingt durch ihre geringe Körpergröße, deutlich tiefer, als dies Hasen tun.

Schäden durch Biber

Dass Biber das Blattwerk der Zuckerrübe schon kurz nach dem Austreiben abfressen, wurde oben bereits gesagt. An die Rüben selbst, an die verdickten Wurzeln, gehen sie etwa ab Ende Juli und dann bis zur Ernte. Der Biber holt meist – ohne zu scharren – die ganzen Rüben aus dem Boden und trägt sie als Vorrat in seinen Bau. Bei den relativ kleinen Zuckerrüben hat er damit weniger Probleme, wohl aber bei ausgewachsenen schweren Futterrüben. Häufig lassen die Tiere die ersten Reihen eines Feldes unbehelligt, so dass kleinere Schäden nicht sofort entdeckt werden.

Versuche, die Biberschäden mit Zäunen aus Maschengeflecht abzuwehren, brachten bisher bei Zuckerrüben wenig Erfolg; entweder wurden die Zäune großräumig umgangen oder aber untergraben. Auch der Einsatz von E-Zäunen versagte vielfach, da der unterste stromführende Draht nicht höher als 10 cm über dem Boden gespannt werden darf. Um eine Ableitung des Stromes zu verhindern, muss die gesamte Zauntrasse penibel bewuchsfrei gehalten werden, was selten gelingt, da Gräser und Wildpflanzen aller Art bei günstiger Witterung oft in wenigen Tagen den Draht erreicht haben.

Schadensaufnahme bei Rüben

Sofern es sich um größere Schäden handelt, die nicht unter der Hand mit einem „Pauschalbetrag“ abgegolten werden können, werden die Verluste nach Eintritt des Schadens ausgezählt. Entweder man legt dann der Schadensberechnung die örtlichen Durchschnittserträge zugrunde, die beispielsweise bei den Landwirtschaftsverwaltungen zu erfragen sind, oder man muss den Erntezeitpunkt abwarten und dann von mehreren über die gesamte Parzelle verteilten Flächen Proben ziehen und auswiegen. Um eine gewollte oder ungewollte Selektion zu vermeiden, werden immer mindestens fünf unmittelbar benachbarte Rüben gezogen. Für ein brauchbares Ergebnis müssen mindestens 20 bis 30 Rüben gewogen werden. Bei kleineren Schäden sollte man nicht feilschen. Sind jedoch größere Flächen geschädigt, sind besonders bei Zuckerrüben noch Schmutzanteile in Abzug zu bringen, wie dies ja die Aufkäufer auch tun. Unter Umständen lohnt es sich, einen stark geschädigten Schlag aufzukaufen und als Winteräsung des Wildes zu betrachten. In diesem Falle wären vom ermittelten Erntepreis die Werbungskosten (Rodung und Abtransport oder Einmietung) abzuziehen, diese fallen dem Landwirt ja nicht mehr an.

Hier hat der Biber noch in einer Entfernung von 40 m die Rüben flächig abgeräumt und breite Wechsel zum Wasser hinterlassen.

SCHÄDEN AN ÖLFRÜCHTEN: KÜRBISSE

Grundsätzlich

Kürbisse gehören grundsätzlich zu den Sonderkulturen, weshalb Wildschäden – in der Regel – nicht ersetzt werden müssen. Nun müssen wir aber unterscheiden zwischen Öl-, Speise- und Zierkürbissen. Vor allem die Ölkürbisse werden fast ausschließlich feldmäßig angebaut, im Gegensatz zu den Zierkürbissen. Das hat dazu geführt, dass Wildschäden an Ölkürbissen vielerorts auch dann ersetzt werden müssen, wenn keine Schutzmaßnahmen getroffen wurden, eben weil sie großflächig – feldmäßig – angebaut werden. Es ist davon auszugehen, dass die Gesetzgeber in absehbarer Zeit zumindest die Ölkürbisse nicht mehr als Gartengewächse sehen.

Schäden an Keimlingen und Kürbissen durch Krähen

Kürbisse sollen unmittelbar nach dem Mais gesät werden. Sowohl für das Saatgut als auch für die Keimlinge interessieren sich Saat- und Rabenkrähen. Nennenswerte Schäden verursachen vor allem die meist in größeren Gesellschaften auftretenden Nichtbrüter. Diese halten sich besonders dort auf, wo die Brutkrähen geschossen wurden. Krähen leben in Dauerehe und die Brutpaare jagen die Junggesellentrupps aus ihren Brutrevieren.

Verbiss der Jungtriebe durch Rehwild und Feldhasen

Rehwild verbeißt Blätter und Triebe junger Kürbispflanzen fast überall, interessiert sich jedoch für ältere Blätter und Triebe kaum noch. Lokal kann der Verbiss so heftig sein, dass es zu flächigen Ausfällen kommt. Gleiches gilt für Feldhasen. In den letzten Jahrzehnten gingen jedoch die Feldhasenbestände deutlich zurück, während die Bestände des Rehwildes zunahmen. Das macht sich auch bei den Wildschäden bemerkbar. Ein zusätzliches Problem ist, dass Rehe die Jungpflanzen häufig aus der Erde ziehen. Diese fallen dann völlig aus, während sie bei mäßigem Blattverbiss immerhin noch wachsen können.

Der großflächige Anbau erschwert den Schutz der jungen Kürbispflanzen. Chemische Vergrämungsmittel wirken nur sehr beschränkt, Zäunung ist teuer und arbeitsaufwändig. Bleibt der Abschuss des zu Schaden gehenden Wildes, zumal meist nur dort erhebliche Schäden auftreten, wo die Rehwildbestände entsprechend hoch sind. Das Problem ist, dass die Jagd im Feld bei Tage ein Sicherheitsrisiko sein kann. Die Rehe stellen sich auf Störungen und einzelne Abschüsse aber auch sehr schnell ein und suchen die Felder nur noch in der Nacht auf. Hinzu kommt, dass in der fraglichen Jahreszeit nicht alle Rehe Jagdzeit haben. Überdies ziehen Rehe aus der Umgebung nach. Feldhasen dürfen ohnehin erst im Herbst gejagt werden.

Nageschäden durch Feldhasen und Kleinnager an den Früchten

Hasen können Kürbisse durch Benagen der Früchte in erheblichem Ausmaß schädigen. Zwar haben die benagten Stellen, wenn sie vernarben, zunächst nur geringen Einfluss auf den Ertrag. Sie können aber auch zu Fäulnis führen. Diese Gefahr besteht besonders bei anhaltend feuchter Witterung.

Dort, wo Wildschäden an Ölkürbissen ersetzt werden müssen, kommt es immer wieder zu Diskussionen über deren Verursacher. Feldhasen sind nämlich nicht die einzigen, die Kürbisse benagen. Auch eine ganze

Reihe von Kleinnagern wie Ratten, Mäuse, Bisam und Hamster tun dies. Doch während Hasen die Kürbisse an ihrer Oberseite benagen, tun dies Kleinnager immer vom Boden her. Dort ist auch die Gefahr der Fäulnis erheblich größer. Wie bei den Rüben neigen Ratten dazu, die Fruchtkörper auszuhöhlen.

Fraßschäden an reifen Kürbissen durch Wildschweine und Rehe

Schwarzwild spielt in Österreich im Kürbisanbau – im Moment noch – keine so große Rolle, da dieser nicht in den klassischen Schwarzwildgebieten stattfindet. Mit der zunehmenden Verbreitung dieser Wildart kann sich das ändern. Wildschweine zerbeißen die Kürbisse und fressen, wenn auch verschwenderisch, Fruchtfleisch und Kerne. Die von ihnen hinterlassenen Schadbilder sind unverkennbar. Überdies hinterlassen Wildschweine, schon dank ihres Gewichtes, immer Fährten. Auch Losung (Kot) kann sich finden, wobei Wildschweine gerne gemeinsam „aufs Klo“ gehen und dabei regelrechte Kotplätze hinterlassen.

Nageschäden durch Biber

Biber fressen das Fruchtfleisch, nagen aber meist mehr Kürbisse an, als sie tatsächlich fressen. Zu Schäden kommt es fast nur in einem Bereich bis 20 m vom nächsten Gewässer. Dies sollte bei starkem Bibervorkommen bei der Anbauplanung berücksichtigt werden.

Schadensverhütung

Die meisten Schäden werden durch Rehe verursacht. Gegen sie hilft kurzfristig nur der E-Zaun. Er hält auch andere Schalenwildarten ab, insbesondere Schwarzwild. Nicht abhalten kann man damit – sofern es sich nicht um einen Netzzaun handelt – Hasen oder, in Gewässernähe, Biber.

Ölkürbisse werden heute überwiegend feldmäßig angebaut.

Hier waren Ratten am Werk, die den Kürbis von innen ausgehöhlt haben.

Feldhasen entfernen zunächst die Schale des Kürbisses.

Mittelfristig sinnvoll ist zweifellos die Absenkung der Wilddichte durch intensivere Bejagung. Das ist aber ein sich über Jahre hinziehender Prozess, der zwar wichtig und sinnvoll ist, sich momentan aber kaum auswirkt. In der Zeit, in der die Schäden entstehen, sind dem Jäger überdies zumindest teilweise die Hände gebunden, weil ein Teil des Rehwildes noch Schonzeit genießt. Die einzelnen deutschen und österreichischen Bundesländer haben unterschiedliche Regelungen.

Alle anderen Abwehrmaßnahmen, die teils auch in Internetforen empfohlen werden, wirken nicht oder nur kurze Zeit. An alle optischen Veränderungen und Auffälligkeiten gewöhnt sich das Wild sehr schnell. So verlieren beispielsweise ausgemusterte und an Schnüren aufgehängte CDs spätestens nach einer Woche ihre Wirkung. Unter Absperrbändern schlüpft das Wild schon nach wenigen Tagen durch oder überspringt sie. Auch Blinklampen, wie sie an Baustellen Verwendung finden, sind nahezu wirkungslos.

Geruchliche Abwehr bringt – zumindest, wenn „Hausmittel" verwendet werden – auch nicht viel. Immer wieder wird Menschenhaar empfohlen, das büschelweise in kleinen Netzsäckchen aufgehängt wird. Das Haar ist, je nach „Quelle", unterschiedlich wirksam. Mitunter überdeckt der Gestank von anhaftenden Haarpflegemittel den menschlichen Geruch bei Weitem. In Summe ist es aber mit und ohne Chemie ziemlich wirkungslos. Der Verfasser konnte beobachten, wie ein Reh direkt an einem zwei Wochen zuvor aufgehängten Netz mit Haaren Witterung nahm (schnüffelte). Gelegentlich wird empfohlen, schnell in Verwesung übergehende und daher – für den Menschen – sehr unangenehm riechende Abfälle auszubringen. Doch Rehe und Hasen lassen sich von dem Gestank, den beispielsweise Geflügeleingeweide oder Fischabfälle erzeugen, nicht dauerhaft abhalten, und Schwarzwild wird sogar davon angezogen! Es sei hier ausdrücklich darauf hingewiesen, dass derartige Abfälle nach dem jeweils geltenden Tierkörperbeseitigungsgesetz gar nicht verwendet werden dürfen, sondern ordnungsgemäß entsorgt werden müssen.

Eine Wirkung zeigt die flächige Ausbringung der auch für den Gemüsebau zugelassenen Mittel Arbinol® B und Trico®, doch dürfte der E-Zaun in Verbindung mit einer nachhaltigen und gesetzeskonformen Bejagung meist die beste Lösung sein.

SCHÄDEN AN SONDERKULTUREN

OBSTBÄUME UND BEERENSTRÄUCHER

Nage- und Verbissschäden durch Hasen und Kaninchen

Hasen benagen Obstbäume fast ausschließlich in den Wintermonaten bei Schneelage; Kaninchen hingegen nagen vereinzelt auch im Sommer.

Für Hasen spricht:

- wenn die Schäden sich eher im Zentrum einer Anlage oder Reihe befinden,
- wenn die Schäden höher hinauf reichen als 50 cm,
- wenn in unmittelbarer Nähe keine Scharrstellen oder Kaninchenlosung zu finden sind.

Für Kaninchen spricht:

- wenn die Schäden sich konzentriert in der Nähe von Dauerdeckung (Hecken, Waldränder, Böschungen mit Kaninchenbauen) befinden,
- wenn die Schäden nicht höher hinauf reichen als bis zu 40 cm,
- wenn sich in unmittelbarer Nähe Ansammlungen von Kaninchenlosung oder Scharrstellen finden.

Bei Schneelage lassen sich eventuell Spuren erkennen.

Nageschäden durch Kleinnager

Vor allem die Schermaus verursacht Nageschäden, die an jene von Hasen und Kaninchen erinnern können und gelegentlich dem Wild angelastet werden. Bei genauer Betrachtung ist die korrekte Zuordnung jedoch kein Problem. Hase und Kaninchen nagen die Rinde nicht wirklich bodentief ab, lassen vielmehr einen Kranz stehen. Die Schermaus hingegen nagt aus dem Boden heraus, also an den Wurzeln beginnend.

Einige Mausarten, besonders die Rötelmaus, nagen auch in höheren Bereichen. Bei entsprechend hoher Schneelage gelingt das auch dem Feldhasen, doch verrät die Breite der Zahnmarken den tatsächlichen Verursacher.

Nageschäden durch Biber

Nageschäden durch Biber entstehen nur in unmittelbarer Gewässernähe (selten mehr als 20 m entfernt), können aber sehr heftig sein. Biber begnügen sich auch nicht mit dem Benagen der Rinde, wie dies Hasen und Kaninchen tun. Sie fällen Bäume und trennen Äste und Zweige in „transportgerechte“ Einzelteile. Nur an den dickeren Stämmen und Ästen begnügen sie sich

Junge Obstbaumkulturen können mit Kunststoffspiralen gegen Nageschäden von Kleinnagern, Wildkaninchen und Hasen geschützt werden.

Rötelmäuse klettern und benagen dünne Zweige im oberen Bereich von Sträuchern und Jungbäumen. Sie hinterlassen Zahnmarken.

Der Hase hat das Stämmchen in 80 cm Höhe von der Seite angenagt, was an den Zahnspuren deutlich zu sehen ist. Die Schermaus hätte aus der Erde heraus direkt über dem Boden genagt. Die Rötelmaus benagt nicht die Stämmchen, sondern die dünnen Zweige.

Die Erdmaus benagt die Wurzel und in der Fortsetzung die sich anschließenden Stammteile dicht über dem Boden.

nach dem Fällen mit dem Abnagen der Rinde. Für das Überleben des Baumes macht das keinen Unterschied.

Gegen das Benagen von Einzelbäumen schützen nur meterhohe Manschetten aus Sechseckgeflecht, die am besten am Boden noch etwas umgelegt werden. Obstanlagen, die unmittelbar an Gewässer grenzen, müssen mit einem 50 cm tief in den Boden eingelassenen Drahtzaun geschützt werden.

Im Handel sind mehrere ursprünglich zur Abwehr von Schälschäden entwickelte Präparate erhältlich, die auch gegen Nageschäden des Bibers eingesetzt werden können. Die Wirkung dieser Mittel hält einige Jahre vor, doch müssen die zu schützenden Stämme mindestens 100 cm hoch gestrichen werden.

Die Jäger haften für Biberschäden – in der Regel – nicht. Teilweise springen öffentliche Stellen ein. Auskünfte erteilen die Landwirtschaftsämter und Kommunen.

Knospenverbiss an Obstbäumen durch Vögel

Knospenverbiss an jungen Obstbäumen erfolgt mitunter auch durch Kleinvögel, insbesondere durch Gimpel, Kernbeißer, Grünling oder Distelfinken. Diese Schäden fallen aber eher selten ins Gewicht und müssen von niemandem ersetzt werden.

Erheblicher Knospenverbiss kann in Obstbaugebieten im Spätwinter durch Ringeltauben und vereinzelt sogar durch Fasane entstehen. Diese Schäden können ersatzpflichtig sein, sind jedoch sehr schwer quantifizierbar.

Problematisch ist schon die Erhebung der Verbissprozente und nahezu unmöglich ist die Beweisführung über den oder die Verursacher.

Ob der Knospenverbiss tatsächlich zu einem Ernteausfall führt, und wenn ja, in welchem Maße, hängt von der Witterung ab. In manchen Jahren vernichten Spätfröste die gesamte Obsternte.

Nebenbei sei erwähnt, dass in waldrandnahen Lagen gelegentlich auch Haselhühner intensiv Obstknospen aufnehmen. Trotzdem wäre es lächerlich, hier von Schäden zu sprechen.

Triebverbiss durch Rehwild

Rehe verbeißen ganzjährig bevorzugt die Triebe von Apfel-, Kirsch-, Pflaumen- und Pfirsichbäumen. Triebe, die höher als 1,50 m sind, werden – außer bei hohen Schneelagen – nicht mehr erreicht.

Gegen Winterverbiss helfen nahezu alle chemischen Schutzmittel, die im Forst bei Laubhölzern Verwendung finden.

Der Vollständigkeit halber sei erwähnt, dass Rehe in schneereichen, kalten Wintern vereinzelt an Apfel- und Pfirsichbäumen schälen können (Ueckermann 1981).

Rehwild in Erdbeerkulturen

Erdbeeren gehören zu den Gartengewächsen, werden jedoch immer häufiger feldmäßig angebaut. Wildschäden müssen aber in der Regel nur ersetzt werden, wenn ausreichende Schutzmaßnahmen getroffen wurden.

Rehwild mag die süßen Früchte und kann in Erdbeerkulturen erhebliche Schäden anrichten. Es ist nicht nur die Aufnahme der Früchte; oft werden solche im selben Maße zertreten. Anbauer versuchen die Kulturen mit dünnen Netzen auch gegen Vogelfraß zu schützen. Sie können damit zwar die Aufnahme der Früchte durch Rehe verhindern, nicht jedoch das Zertreten. Nicht selten bleiben die Rehe mit ihren Schalen (Hufen) in den Netzen hängen und ziehen diese vom Beet.

Schäden an Obst durch Waschbären

Waschbären spielen gegenwärtig in Österreich noch nicht die ganz große Rolle, wohl aber in Teilen Deutschlands. Gleichwohl ist auch in Österreich mit einer weiteren Ausbreitung zu rechnen. Jedenfalls sind Waschbären an allen Arten von Beeren sowie an Kern- und Steinobst interessiert. Da sie hervorragende Kletterer sind und meist noch in Familien auftreten, werden sie mancherorts zum Problem. Als Kulturfolger dringen sie immer häufiger in urbane Bereiche ein. Diese gelten als befriedete Bezirke, womit der Jäger Wildschäden nicht ersetzen muss.

Die Feststellung und die Dokumentation des Verursachers sind überall dort wichtig, wo gleichzeitig Fasane vorkommen, deren Schäden ersatzpflichtig sind. Für beide Arten stellt ein Schutzzaun kein Hindernis dar. Den Waschbären können auch über die Sträucher gespannte Netze nicht abhalten. Wenn es um Schadenersatz geht, sind Waschbärspuren ein wichtiges Indiz.

Schutzmaßnahmen im Obstbau

Der sicherste, wenngleich teuerste Schutz ist die Zäunung der ganzen Anlage (siehe Seite 33).

Will oder muss man aus finanziellen oder anderen Gründen auf den Zaun verzichten, empfiehlt sich in Obstkulturen der Anstrich mit einem handelsüblichen Mittel gegen Nage- und/oder Schälschäden.

Im Obstbau wird gegen Rindenfraß häufig ein Kalkanstrich vorgenommen, der jedoch im Weinbau bisher nicht praktikabel ist. Zusätze aus Sand, Wasserglas, Tapetenkleister, Paprikapulver etc. sollen abschreckend wirken. Gleiches gilt für spezielle Schäl- und Fraßstopp-Produkte. Einen absolut sicheren Schutz stellt der Anstrich jedoch nicht dar. Das Weißeln der Stämme im Obstbau vermindert außerdem die Absorption (Umwandlung der Strahlungsenergie in Wärme vor allem auf dunklen Flächen) von Strahlung an sonnigen Wintertagen und beugt somit Frostrissen durch hohe Temperaturunterschiede zwischen der besonnten und beschatteten Stammseite vor. Doch auch Reben können in Ausnahmefällen geschädigt werden oder aufplatzen, wenn die Sonne intensiv auf noch gefrorene Stämme scheint.

Gelegentlich wird empfohlen, das im Winter anfallende Schnittholz als Fraßablenkung liegen zu lassen. Dabei ist Vorsicht geboten, weil mit dieser Maßnahme eine gewisse Lockwirkung verbunden sein kann. Auch wenn genug Zweigmasse angeboten wird, ist nicht sicher, dass die Hasen oder Kaninchen Bäume oder Reben völlig verschonen. Zielführender ist es, solche Fraßablenkung außerhalb der Obst- oder Rebanlagen anzubieten. Wo Kaninchen innerhalb solcher Anlagen oder direkt angrenzend siedeln, ist eine intensive Bejagung unverzichtbar.

SCHÄDEN IN GEMÜSEKULTUREN

Schäden an Saat und Jungpflanzen

Gemüsesaaten ziehen Fasane, Rabenvögel, Tauben und teilweise Lachmöwen an. Häufig gehen die Vögel die Reihen entlang und picken das Saatgut aus dem Boden oder ziehen Keimlinge heraus. Setzlinge werden angepickt und auf der Suche nach Mollusken und Insektenlarven ebenfalls aus der Erde gezogen. Besonders betroffen sind Salatpflanzen. Der Fasan schädigt in erster Linie Jungpflanzen, wobei oftmals nur die „Skelette“ der Pflanzen übrigbleiben.

Die Aufmerksamkeit des Jägers ist dabei nur dort gefordert, wo auf Gemüsefeldern auch Fasane in Erscheinung treten. Tatsächlich sind die Fasanenbestände fast überall stark zurückgegangen; in großer Zahl treten sie kaum auf. Entsprechend sind auch die von ihnen angerichteten Schäden eher gering. Gleichwohl ist es für den Landwirt wie für den Jäger sinnvoll, entstehende Schäden zu dokumentieren. Das dient der Versachlichung und ermöglicht frühzeitiges Eingreifen.

Schutz für Saaten und Pflanzungen bietet Vlies. Dieses muss allerdings nach zwei bis drei Wochen entfernt werden. Dann ist in der Regel sofort der Hase zur Stelle.

Erbsen und Bohnen galten früher grundsätzlich als Gartenfrüchte. Inzwischen werden sie regional auch feldmäßig angebaut. Das hat zur Folge, dass sie vor Gericht teilweise als Feldfrüchte gewertet werden.

Die Saaten beider Arten können – vor allem bei zu flacher Saat – durch Fasane, Tauben und Rabenvögel gefährdet sein. Je tiefer gesät wird, umso geringer ist die Gefahr von Schäden. Beide Gemüsearten benötigen eine relativ hohe Keimtemperatur von 7 bis 10 °C. Wird zu früh gesät, zieht sich die Keimzeit und die Frühentwicklung des Keimlings in die Länge. Damit wird auch die Zeit der Gefährdung verlängert.

Schäden an heranwachsenden Gemüsepflanzen

Rehwild verschmäht nur wenige Gemüsearten und richtet mitunter erhebliche Schäden in jungen Gemüsekulturen an. Stark gefährdet ist das Blattwerk von Schwarzwurzeln, Rote Beete, Mangold, Endivie und Chicorée. Vom Chicorée nehmen die Rehe bevorzugt

Hier haben Krähen junge Kohlpflanzen geplündert; es blieben nur die Blattstängel zurück, die Blätter selbst wurden gefressen.

die Wurzeln auf. Diese sind daher auch ein hervorragendes Lockmittel (Kirrmittel) für die Jäger. Grundsätzlich sind die Rehe aber an allen Salatarten und -sorten interessiert, wenngleich nicht überall im selben Maß. Es ist nicht immer die abgefressene Salat- oder Kohlmenge, die ins Gewicht fällt. Vielmehr lassen sich auch nur geringfügig angefressene Pflanzen nicht mehr in den Handel bringen.

Rehe und Hasen fressen nicht wirklich flächig. Ihre Schäden verteilen sich über die gesamte Anbaufläche. Wie der Hase hält sich auch das Reh nicht an Randbereiche, sondern zieht bei Nacht weit in deckungslose Felder hinaus. Sie ziehen langsam über die Kulturfläche, wobei sie immer wieder ein paar Pflanzen heimsuchen. Dabei entsteht „Naschfraß“. Während Rehe oft kreuz und quer umherziehen, rücken Hasen eher in den Pflanzreihen vor.

Auch Kaninchen interessieren sich für Gemüsepflanzen, spielen aber – insgesamt – keine so große Rolle wie der Hase, da sie nur in baunahen Randbereichen zu Schaden gehen und in den österreichischen Gemüseanbaugebieten längst nicht überall vorkommen. Wo sie jedoch vorkommen, entstehen Schäden fast nur in unmittelbarer Nähe ihrer Baue. Allerdings können – je nach Stärke einer benachbarten Kaninchenkolonie und je nach Länge der angrenzenden Hecken oder Waldstücke – durchaus Fraßflächen in Hektargröße entstehen. Hier gibt es in Einzelfällen die Möglichkeit, gefährdete Bereiche abzuzäunen oder aber zu verstänkern.

Damwild spielt keine so große Rolle, kommt aber in einigen deutschen Gemüseanbaugebieten durchaus vor. Es sei der Vollständigkeit halber hier erwähnt. Als Rudelwild neigt es dazu, in geschlossener Formation zu äsen, wodurch es ebenfalls mehr oder weniger zu Kahlfraß kommt. Dieser beschränkt sich aber nicht wie bei den Kaninchen auf den Feldrand. Eher sind es kleinere und größere Flächen innerhalb der Felder. Das Fährtenbild des Damwildes ist eindeutig und kaum zu übersehen.

Auf der „Hitliste" junger von den Ringeltauben bevorzugte Gemüsepflanzen stehen Kohlrabi, Brokkoli, Blumenkohl, Chinakohl, Wirsing, Weißkohl, Rotkohl, Grünkohl und Salate. Gepflanzt werden diese Gemüsearten von Ende April bis Anfang August. Die größten Schäden an Jungpflanzen entstehen vor Mitte Juli.

Jungpflanzen von Erbsen und Bohnen werden gerne – und zwar je jünger, umso lieber – vom Reh- und Damwild geäst. Sie äsen dort sowohl das Blattwerk als auch die süßen Schoten und hinterlassen zusätzlich Trampelschäden. Dabei werden die Erbsen mit ihrem glatten Blattwerk den Bohnen vorgezogen. Je kleinflächiger der Anbau, um so spürbarer werden die Schäden. Auch Hase und Kaninchen sind an jungen Erbsenpflanzen interessiert.

Krähen fallen oft in größerer Zahl in Gemüsefeldern ein. Dabei picken sie auch Kohlköpfe an, die dadurch nicht mehr für den Verkauf tauglich sind.

Schäden an Gemüse im Erntestadium

Welche Wildarten welche Gemüsepflanzen zu welcher Jahreszeit nennenswert schädigen, ist lokal ganz unterschiedlich. Kohlarten werden bevorzugt im Spätherbst und Winter von Tauben geschädigt. Diese sitzen beim Fressen auf den Pflanzen, wobei es zusätzlich zur Verkotung kommt. Zwar interessieren sich auch Fasane für erntereifes Gemüse, fallen aber nicht so sehr ins Gewicht wie Tauben und Rabenvögel. Fasane setzen sich, da sie zu schwer sind, auch nicht auf die Gemüsepflanzen. Sie picken vom Boden aus, was die Unterscheidung erleichtert.

Krähen verursachen an Kohlpflanzen oft kurz vor der Ernte erhebliche Pickschäden. Sie sitzen dabei, wie die Tauben, auf den Kohlköpfen, wobei Schnabelmarken und Kralleneinstiche zurückbleiben. Letztere werden oft übersehen oder als bedeutungslos angesehen. Sie sind jedoch fast noch zahlreicher als die Pickschäden, weil die Krähen oft von Kohlkopf zu Kohlkopf hüpfen, ehe sie einen davon anpicken. Die Kralleneinstiche führen aber später im Kühllager zur Fäulnis. Fasane picken auch die Kohlköpfe vom Boden aus seitlich an.

Alle Dickwurzler wie Sellerie, Rote Beete, Karotten, Pastinaken u. a. sind bei Nagern, Feldhasen und Schalenwild beliebt. Wo sie in unmittelbarer Gewässernähe angebaut werden, stellen sich Biber, Nutria und Bisam ein. Deren Schäden müssen aber im Moment noch kaum irgendwo ersetzt werden. Gleichwohl sind ihre breiten Zahnmarken gut zu erkennen und es sind Ausstiege und Schleifspuren am Ufer zu finden.

Hase und Schalenwild fressen (äsen) sowohl die Wurzeln/Knollen als auch das Blattwerk.

Vereinzelt tritt auch Schwarzwild auf, das sich für alle Dickwurzler interessiert, egal, ob es sich um zu den Sonderkulturen gehörende Gemüsepflanzen handelt oder um Feldfrüchte wie Rüben oder Kartoffeln. Der Nachweis der Täterschaft ist bei Schwarzwild leicht. Mitunter macht Schwarzwild einen Schaden an Gemüsepflanzen erst ersatzpflichtig, weil es Schutzmaßnahmen durchbricht.

Entwertet und verkaufsuntauglich werden Dickwurzler auch durch Kleinnager wie Ratten und Mäuse.

Reifende Erbsenfelder sind in erster Linie durch Wildtauben gefährdet, die sich zur Zeit der Erbsenreife schon in großen Flügen zusammengeschlossen haben. Es kann durchaus vorkommen, dass mehrere Hundert Ringeltauben gleichzeitig in ein Erbsenfeld einfallen und dabei enormen Schaden anrichten. Dieser besteht nicht nur aus den gefressenen, sondern ebenso aus den angepickten und damit für Markt und Konservenindustrie unverwertbaren Erbsen. In geringerem Umfang gehen Fasane zu Schaden.

Wo immer es um Vogelschäden an Erbsen geht, sind Hagelschauer zu berücksichtigen, welche die Vogelschäden deutlich überlagern können.

Schutzmaßnahmen im Gemüsebau

Theoretisch kann man die Felder einfach einzäunen. Zäune sind aber bei der Bewirtschaftung störend. Drahtzäune sind nur stationär denkbar und machen nur dann Sinn, wenn sie so hoch sind, dass sie von Rehen nicht übersprungen werden können. Überdies müssen sie unten hasendicht sein. Das bedeutet, dass sie zumindest 20 cm tief in den Boden eingelassen werden müssen, ansonsten scharren sich die Hasen unter dem Zaun durch. Dort, wo auch Kaninchen vorkommen, muss das Geflecht noch tiefer in den Boden.

Für Elektrozäune gilt dasselbe; hinzu kommt ein relativ hoher Pflegeaufwand, da die Zauntrasse frei von Pflanzen gehalten werden muss. Ansonsten kommt es zu Spannungsabfall.

Letztlich kann sich kein Gemüsebauer mit einem Zaun gegen Vogelschäden schützen. Hierzu müsste er seine Felder komplett mit Netzen überspannen.

Geruchsintensive Mittel, mit denen an den Rändern Lappen u. ä. getränkt oder besprüht werden, sind zwar auch im Bio-Landbau zulässig, sofern sie nicht mit den Pflanzen oder dem Boden in Kontakt kommen. Allerdings haben nahezu alle olfaktorisch wirkenden Mittel den Nachteil, dass sich das Wild sehr schnell an sie gewöhnt.

Wirkungsvoll und über Jahre wiederverwendbar sind Vlies zum Schutze von Saat und Keimlingen sowie später leichte Vogelschutznetze, wie sie auch im Weinbau Verwendung finden. Unter ihnen kommt es auch zu keiner Änderung des Wärme- und Feuchtigkeitshaushaltes.

Krähenschäden lassen sich nur sehr schwer einschränken, auf keinen Fall aber verhindern. In der Tat sind alle Rabenvögel hochintelligent und durchschauen Scheuchen jedweder Art sehr, sehr schnell. Sie beobachten diese aus sicherer Entfernung, erkennen die Harmlosigkeit und ignorieren sie fortan. Knallapparate, Lappen, glitzernde und knisternde Alustreifen, selbst an Schnüren baumelnde Artgenossen können höchstens für die Dauer von ein bis drei Tagen abschrecken.

ZIERPFLANZEN

Zierpflanzen im Feldanbau

Die meisten Zierpflanzen werden in Gärtnereien, Parkanlagen oder Hausgärten kultiviert. Hierbei handelt es sich immer um befriedete Bezirke, in denen durch Wild verursachte Schäden nicht bezahlt werden müssen. Allerdings wird der Jäger häufig auch hier um Schadenersatz oder zumindest um Rat gefragt.

Es gibt aber auch Landschaften, in denen Zierpflanzenbau feldmäßig betrieben wird. Auch hier muss der Jäger Wildschaden nur dann bezahlen, wenn übliche Schutzmaßnahmen getroffen wurden. Wohl aber wird der Gärtner oder Landwirt nach den Verursachern von Schäden und nach Möglichkeiten der Schadensvermeidung fragen.

Schäden an Blumenzwiebeln und Frühblühern

Immer wieder Ärger verursachen, sobald der Schnee von der Fläche und der Boden aufgetaut sind, Dachse und teilweise auch Wildschweine. Beide sind besonders auf Krokus- und Tulpenzwiebeln „scharf“. Während sich die von Dachsen angerichteten Schäden in Grenzen halten, holen Wildschweine eher zu „Rundumschlägen“ aus. Rehe neigen dazu, Krokusse abzufressen, wobei sie zwischen den zahllosen Sorten durchaus Unterschiede machen. Vor dem Haus des Verfassers in Kärnten wurden fast nur blaue und violette Krokusse gefressen, während gelbe und weiße unbeachtet blieben.

Erhebliche Schäden können Rehe bei feldmäßigem Anbau von Stiefmütterchen anrichten, und auch in Gärten ist es ärgerlich, wenn diese beliebten Frühblüher über Nacht verschwinden. Sie werden von Rehen, Feldhasen und Kaninchen einfach abgefressen.

Rosen gehören zwar nicht zu den Frühblühern, doch werden sie häufig feldmäßig angebaut, und ihre ersten Austriebe sind bei Rehen, Hasen und Kaninchen gleichermaßen beliebt.

Schäden an Sommer- und Schnittblumen

Es gibt eine große Palette von Zierpflanzen, die bei fast allen Rehen Interesse finden. Doch Rehe sind auch Feinschmecker und Individualisten gleichermaßen. Daher haben nicht alle Rehe an denselben Pflanzenarten Interesse. Einzelne Rehe zeigen Vorlieben für Pflanzen, die von der Mehrheit der Rehe verschont werden.

Zu den am meisten durch Rehe und Hasen gefährdeten Zierpflanzen, die als Schnittware großflächig gepflanzt werden, gehören Astern, Dahlien, Goldlack, Cosmea, Nelken und Sonnenblumen.

Letztere werden inzwischen sowohl als Futter-Zwischenfrucht wie auch als Hauptfrucht zur Samengewinnung angebaut. Damit gewinnt ihr feldmäßiger Anbau als Ölsaat auch im deutschsprachigen Raum immer mehr an Bedeutung. Folglich fallen aber auch die Schäden ins Gewicht, die von zahlreichen Tierarten an Saatgut, Keimlingen, Pflanzen und Samenrädern angerichtet werden.

Die ersten Ausfälle zeigen sich bereits im Keimstadium. Zahlreiche Vogelarten, aber auch selbst Wildschweine interessieren sich für das Saatgut und hinterlassen Fehlstellen. Ausfälle werden aber auch durch nicht jagdbare Tiere wie Mäuse, Hamster, Singvögel, Insekten und Schnecken sowie durch Krankheiten und durch Anbaufehler verursacht. Gerade letztere können zu erheblichen Fehlstellen führen und werden später als Wildschäden gemeldet oder sie mischen sich mit solchen. Häufig konzentrieren sich Feldmausschäden auf Teilbereiche an Grenzlinien, bis zu einer Tiefe von etwa 6 bis 10 m, also dort, wo Sonnenblumenfelder an andere schon höhere Kulturen, Hecken, Böschungen oder Gräben anstoßen.

Tauben oder Fasane?

Ebenso wie Haustauben interessieren sich auch Ringel- und Türkentauben für Sonnenblumensaaten. Während in den „klassischen" Taubengebieten Nordwestdeutschlands die Haustauben den Ringeltauben zahlenmäßig meist weit unterlegen sind, verhält es sich in vielen anderen Landschaften eher umgekehrt. Alle Tauben picken die frisch gesäten Kerne aus dem Boden, nehmen aber auch die Keimlinge und bei heranwachsenden Pflänzchen Blattteile auf.

Während in den meisten österreichischen Bundesländern von Wildtauben verursachte Schäden ersetzt werden müssen, ist das in Deutschland nur dort der Fall, wo die Ersatzpflicht im Pachtvertrag auf Tauben ausgeweitet wurde. Nur dort ist tatsächlich relevant, wer nun tatsächlich einen Schaden an Sonnenblumen verursacht hat – Haus- oder Wildtauben.

Das Nahrungsspektrum von Haustaube und Fasan überdeckt sich. Haustauben bilden oft große Flüge und hinterlassen dem Fasan die Rechnung ...

Wichtiger ist in Deutschland in der Regel nur die Frage: Tauben oder Fasane? Hier sind direkte Beobachtungen möglichst mit Zeugen oder, besser noch, Fotos als Dokumente wichtig.

Auch wenn der Jäger mehrheitlich noch nicht zur Kasse gebeten wird, weil Sonnenblumen als Gartenpflanzen gelten, so gibt es doch bereits erste Urteile, welche sie lokal von der Gartenpflanze zur Feldfrucht befördern. Der Jäger tut jedenfalls gut daran, die Sonnenblumenfelder überall dort, wo inzwischen großflächiger Anbau üblich ist, in den ersten drei Wochen nach dem Keimen aufmerksam zu beobachten und Anbaufehler zu registrieren. Der Nachweis, dass es bereits beim Keimen größere Ausfälle gab, erspart später manche Streiterei um die Täterschaft.

Das Saatgut kann einigermaßen zuverlässig durch Beizen mit dem Mittel Aavolex geschützt werden. Den Keimlingen hingegen hilft das Beizen nicht. Eine gewisse – meist nur wenige Tage anhaltende – Abwehrwirkung erreicht man mit reflektierenden und knisternden Scheuchbändern aus Alufolie und – fernab bebauten Gebietes – mit dem Knallapparat Purivox (siehe Seite 55).

Wo die von Tauben verursachten Schäden nicht ersetzt werden müssen, wird schnell der Fasan in die Diskussion gebracht. Fasane präsentieren sich nicht gerne inmitten noch weitgehend deckungsloser Felder. Sie äsen vorzugsweise in der Nähe vorhandener Deckung wie Hecken, Gräben oder Schilf. Allerdings werden Schäden bei objektiver Betrachtung selten ausschließlich den Fasanen zuzuschreiben sein. Landwirt wie Jäger müssen Beweise sichern. Als solche gelten Gestüber, Huderstellen und im feuchten Boden auch Geläufe in den geschädigten Teilflächen. Beide Parteien tun gut daran, ihre Auffassung mit Fotos zu untermauern.

An die zur Abwehr als Wildscheuchen eingesetzten Alubänder wurde oben schon erinnert. Ebenso wirksam sind in den Randbereichen aufgestellte Greifvogeljulen, auf denen spontan die Bussarde blocken. Wenngleich sie von den Fasanen wie von den Wildkaninchen durchaus nicht im selben Maße gefürchtet werden wie die Habichte, so verhindert ihre Anwesenheit doch ein ungestörtes Äsen auf der Fläche.

Kaninchen oder Hasen?

Keimlinge und Jungpflanzen werden von Feldhasen und Wildkaninchen komplett abgeäst. Ab einer gewissen Höhe sind dann nur noch die Blätter interessant, während die Blattstiele an der Pflanze bleiben. Hasen sind Einzelgänger und überdies ausgesprochene Läufer, die bei Gefahr ihr Heil in schneller, weiter Flucht suchen. Daher verbeißen sie Sonnenblumen wenig konzentriert, eher sporadisch über die Fläche verteilt. Fast immer lassen sie abgebissene Teile zurück. Stängel werden bis Fingerstärke abgebissen und bleiben meist einfach liegen. Selbstverständlich kommt es auch vor, dass ein Hase die Sonnenblumen im Randbereich verbeißt, dies geschieht dann aber nicht flächig. Waren Kaninchen die „Täter“, finden sich deren Losungshaufen und Scharrstellen.

Reife Pflanzen und Samenstände

Rot- und Rehwild nutzen lokal unterschiedlich stark die Blätter sowie die noch weichen Stängelteile der Sonnenblumen. Rotwild äst überdies deren Samenräder. Lokal werden Sonnenblumen vom Schalenwild aber auch gar nicht beachtet. Offensichtlich spielt die Nähe zum Wald eine Rolle. Im Rahmen eines Großversuchs als Wildacker angebaut, blieben sie, trotz starken Äsungsdruckes auf andere landwirtschaftliche Pflanzen, bis etwa Ende August unbeachtet. Mit dem Rückgang des übrigen Äsungsangebotes interessierte sich vor allem das Rotwild für sie. Nach wenigen Wochen waren fast nur noch kahle Stängel vorhanden.

Beim großflächigen Anbau im Feld wird es kaum zu einer vergleichbaren Annahme durch Schalenwild kommen. Die Nutzung von Blättern im unteren Bereich beeinträchtigt Wachstum und Samenleistung der Pflanze kaum, sofern diese zum Zeitpunkt des Verbisses schon wesentlich höher ist. Punktuell starker Verbiss jüngerer Sonnenblumen kann zwar zum Ausfall der betroffenen Pflanzen führen, muss aber nicht zwingend Schaden bedeuten, weil die dabei entstehenden Lücken benachbarten Pflanzen mitunter zu besonders üppigem Wachstum verhelfen.

Gelegentlich sucht auch Schwarzwild Sonnenblumenfelder auf. Dabei kann es durchaus zu empfindlichen Schäden kommen. Die Sauen brechen – wie im Mais – die Stängel in großer Zahl um und fressen recht verschwenderisch die Samenräder. Zusätzlich entstehen erhebliche Lagerschäden.

Die vom Schwarzwild nicht genutzten Samenräder beziehungsweise deren Reste ziehen „Sekundärnutzer“ wie Kleinvögel, Tauben, Rabenvögel, Mäuse und Dachse an. Das Schadensvolumen wird dadurch nicht erhöht.

SCHÄDEN IM WEINBAU

Unterschiedliche Rechtslage

An Weinreben können in allen Alters- und Vegetationsstufen Wildschäden entstehen. Sie sind für Weinbauer wie Jäger gleichermaßen ärgerlich, müssen aber nicht überall ersetzt werden. Gleichwohl wird immer wieder auch dort Schadenersatz gefordert, wo dies der Gesetzgeber eindeutig verneint. Ebenso verweigern Jäger gelegentlich aus Unkenntnis den Ersatz, obwohl sie dazu verpflichtet wären. Allfällige Aussagen der Gemeindeämter müssen nicht richtig sein. Das trifft besonders dann und dort zu, wo der Weinbau keine große Rolle spielt.

Verbiss an Rebstöcken

Am stärksten betroffen sind Rebgärten in den ersten drei Jahren nach der Pflanzung, doch bleiben auch ältere Rebstöcke nicht verschont. Ihre Knospen und Triebe werden von Rehen, Damwild, Hasen und Kaninchen gleichermaßen gerne verbissen. Der Hauptverbiss findet im Frühjahr und im Herbst statt. Starker Verbiss führt zu erheblichen Einbußen bei der Traubenernte.

Kunststoff- und Drahthüllen schützen Jungkulturen vor Verbiss. Rehe greifen jedoch zu, sobald die Jungpflanzen die Schutzhüllen verlassen.

Während der Vegetationszeit halten Pflanzenschutzmittel das Wild meist nur kurzzeitig von den Jungtrieben ab. Es gibt aber Zusätze von wildabweisenden Blattdüngern auf der Basis von Pflanzenextrakten, deren Wirkung länger anhält.

Nageschäden an Rebstöcken

Im Winter kommt es wieder bevorzugt an jungen, aber teilweise auch an alten Rebstöcken zu erheblichen Nageschäden. Feldhasen nagen dabei bis in eine Höhe von 70 cm, selten bis 80 cm, rundum die Rinde ab, was unweigerlich zum Absterben der Rebstöcke führt. Die Ausfälle können erheblich sein, so dass Nachpflanzungen notwendig werden.

Netzhüllen aus Kunststoff, zum Schutz junger Rebpflanzen vor Verbiss- und Nageschäden.

Schäden an den Trauben selbst

Es gibt nur wenige Wildarten, die sich nicht für reife Weintrauben interessieren. Hauptinteressenten sind neben Reh- und Damwild auch Schwarzwild und Dachs. Während der Dachs nur die Rebstränge an den unteren Drähten erreicht, holt sich das Schwarzwild die süßen Trauben auch weiter oben und reißt dabei mitunter ganze Stränge herunter.

Schwarzwild neigt ferner dazu, zwischen den Rebzeilen den Boden umzubrechen. Junge Rebstöcke werden dabei gelegentlich aus der Erde geworfen und die Fahrgassen müssen eingeebnet und häufig auch neu eingesät werden.

Das wiederkäuende Schalenwild erntet an den oberen Drähten und pflückt dabei die Beeren ab, ohne die Stöcke als solche zu beschädigen.

Auch Fasane sind an Trauben interessiert. Ihre Schäden vermischen sich meist mit denen anderer nicht jagdbarer Vögel wie Eichelhäher, Krähen, Stare und Drosseln.

Schutzmaßnahmen

Die Einsaat der Gassen mit wildfreundlichem Gründung wird zwar immer wieder empfohlen. Letztlich ist jedoch nicht geklärt, ob damit Wild von den Reben abgelenkt oder weiteres Wild angelockt wird. Wenn es darum geht, des Weinbaus wegen den lokalen Rehwildbestand zu vermindern, können solche Einsaaten sogar kontraproduktiv sein, weil das Wild die Rebanlagen mitunter nicht mehr gerne verlässt.

Am meisten Schutz bietet die dauerhafte Zäunung der kompletten Rebanlage (siehe Seite 33). Gegen Schalenwild, insbesondere gegen Wildschwein, hilft auch ein Elektrozaun. Allerdings darf der unterste stromführende Draht nicht höher als maximal 20 cm über dem Erdboden gespannt

Hasen und Kaninchen benagen zwar bevorzugt jüngere Rebstöcke, verschmähen aber auch ältere nicht grundsätzlich.

Rehe, Hasen und Kaninchen verbeißen die jungen Triebe der Weinreben in unterschiedlicher Höhe.

Problematisch wird es, wenn Wildkaninchen in Weingärten ihre Baue anlegen. Da müssen die Jäger mit Frettchen helfen.

werden. Daher muss ständig die gesamte Zauntrasse überwacht und von Bewuchs freigehalten werden, was à la longue teurer sein kann als die feste dauerhafte Zäunung.

Die verstärkte Bejagung in den Rebgärten ist generell schwierig, besonders in Steillagen.

Verhinderung von Vogelschäden

Gegen Vogelfraß lassen sich Rebgärten nur mithilfe von Netzen schützen, mit denen die gesamte Anlage überspannt wird. Doch selbst dann kommt es an den Rändern noch zu kleineren Kalamitäten, da ja die Seiten aus arbeitstechnischen Gründen meist nicht dicht gemacht werden können.

Alle anderen Abwehrmaßnahmen, etwa Schüsse, Blinkfolien oder Scheuchen aller Art, dienen in vielen Fällen mehr der Beruhigung des Gewissens. Sie werden von den Vögeln innerhalb kürzester Zeit durchschaut und in der Folge ignoriert. In der Steiermark beispielsweise stehen überall in den Weingärten die sogenannten Klapotetze, große Windräder, die einen Holzklöppel heben und fallen lassen, der ein schnarrendes Geräusch verursacht. Die Scheuchwirkung ist gering. Im Seewinkel des Burgenlandes ist während der Beerenreife Tag für Tag der „Starenbomber“ in der Luft, ein Sportflugzeug, dessen Aufgabe es ist, die riesigen Starenschwärme aufzuscheuchen und geschickt aus dem Weinbaugebiet zu vertreiben.

Nicht wenige Weinbauern fordern das Recht, Vögel bestimmter zu Schaden gehender Arten schießen zu dürfen. Sie hoffen vor allem auf einen Vergrämungseffekt. In den Schweizer Kantonen ist derartige Selbsthilfe gesetzlich verankert, ebenso in Südtirol. Eine nachhaltige Vergrämung tritt aber keineswegs ein. Und der früher obligate, heute nur noch vereinzelte Einsatz von mit Schrotflinten bewaffneten Weinberghütern ist mehr „Sozialarbeit“ als Vogelabwehr. Wenn in einer Weinbaugemeinde zur Zeit der Traubenreife 50.000 oder mehr Stare einfallen, ist es für die Ernte ohne jeden Belang, ob nun 100 oder selbst 500 Stare geschossen werden. Meist gelingt ohnehin nur der Abschuss ganz weniger Vögel. Scheuchen dienen also eher der gleichmäßigen Verteilung der Schäden auf die gesamte Fläche.

SCHÄDEN IM TABAKANBAU

Grundsätzlich

Tabak spielt, was seine Anbaufläche in Deutschland und Österreich betrifft, keine allzu große Rolle. Gleichwohl kommt es immer wieder zu Wildschäden, für welche aber in der Regel keine Ersatzpflicht besteht, da es sich um ein hochwertiges Handelsgewächs handelt. Tabak ist kein Lebensmittel, sondern dient ausschließlich als Rohmaterial für die Tabakwarenindustrie.

In allen Tabakanbaugebieten lebt auch Rehwild. Daher sind es in erster Linie die Rehe, die in Tabakfeldern gelegentlich für Ärger sorgen. Sie verbeißen die Jungpflanzen und befegen sie auch. Allerdings wächst Tabak – wie der Spargel – nur in klimatisch bevorzugten Lagen, in denen sich vielfach auch Wildkaninchen wohlfühlen. In Österreich spielen diese jedoch, im Gegensatz zu Deutschland, wegen ihrer hier eher geringen Verbreitung keine allzu große Rolle.

Eine Ersatzpflicht für derartige Schäden besteht nur, wenn eine Jagdgenossenschaft (Deutschland) oder ein Jagdausübungsberechtigter diese freiwillig übernommen hat oder wenn ein Schaden trotz ausreichender Schutzvorkehrung entstanden ist.

Fasane legen Jungpflanzen frei

In den klimatisch bevorzugten Tabakanbaugebieten fühlen sich auch Fasane wohl. Diese zupfen an den Blättchen der Setzlinge oder „bohren“ mit den Schnäbeln im Wurzelbereich. Es wird angenommen, dass sie dabei nach Schnecken und Insekten suchen. Viele der Jungpflänzchen welken dann ab. Auch Krähen und Tauben können derartige Schadbilder hinterlassen.

Feldhasen und Wildkaninchen an Setzlingen

Tabakpflanzen sind für Feldhasen und Wildkaninchen bereits unmittelbar nach dem Setzen interessant, wobei erhebliche Schäden entstehen können. Feldhasen beißen Pflanze für Pflanze einfach ab und lassen sie meist ungenutzt liegen. Warum sie den Tabak abbeißen, ihn aber nicht fressen, ist unbekannt. Möglicherweise empfinden sie die voll der Sonne ausgesetzten, noch nicht vom Blattwerk beschatteten und die Tageswärme speichernden Sandäcker in der Nacht einfach angenehm. In der Oberrheinebene vernichteten Hasen auf diese Weise an einem einzigen Wochenende 1,5 ha junge Tabakpflanzen.

Pflanzer verweisen darauf, dass Tabakäcker einer erhöhten Gefährdung unterliegen, wenn sich neben ihnen Stilllegungsflächen befinden, in denen sich das Niederwild gerne aufhält.

Kaninchen fressen die Jungpflanzen vom Moment des Ausbringens an. Sie tun dies, wie in anderen Kulturen auch, immer „schwerpunktmäßig“ am Rande eines Feldes. Kaninchen fallen aber in Tabakfeldern – Sandböden! – auch durch ihre Grabtätigkeit unangenehm auf. So kommt es immer wieder zu Einbrüchen landwirtschaftlicher Maschinen, etwa beim Hacken der Jungpflanzen.

Rehe verbeißen und fegen

Tabak wird etwa ab dem 1. Mai gepflanzt, wobei die Pflanzzeit bis in die erste Juniwoche dauern kann. Die Rehe beginnen sich für junge Tabakpflanzen – im Gegensatz zu Feldhasen und Wildkaninchen – erst zu interessieren, wenn diese zwei bis drei Wochen auf dem Acker sitzen. In diesem Alter verbeißen sie die Herzen der Pflanzen, was in der Folge zur Verbuschung führt. Folge solcher Verbuschung sind kleinere (minderwertige) Blätter.

Der Verbiss endet meist, wenn die Pflanzen eine Höhe von etwa 0,5 m erreicht haben. Doch sobald sich kräftige Stängel gebildet haben, beginnen Rehböcke den Tabak zu befegen. Die so geschädigten Pflanzen sterben mehrheitlich ab. Bereits ausgebildete Blätter werden verletzt und unbrauchbar. Vereinzelt beklagen sich Pflanzer über Schäden, welche durch treibende Rehe in der Brunft entstehen. Dabei werden Blätter beschädigt und ganze Pflanzen umgedrückt.

Ähnliche Schäden können vereinzelt auch durch Schwarzwild entstehen, das jedoch an den Tabakpflanzen selbst kein Interesse hat.

Der Tabakanbau spielt in Deutschland und Österreich nur noch eine geringe Rolle. Da Tabak zu den Handelsgewächsen zählt, sind Wildschäden nicht ersatzpflichtig.

SCHÄDEN IM HOPFENANBAU

Grundsätzlich

Auch der Hopfen gilt als hochwertiges Handelsgewächs, an dem Wildschaden nur ersatzpflichtig ist, wenn vorher übliche Schutzmaßnahmen errichtet wurden. Als solche gilt allgemein der hasen- und rehwilddichte 1,5 m hohe Zaun. Das heißt jedoch nicht zwingend, dass Wildschaden nur bezahlt werden muss, wenn zur Zeit des Schadeneintritts ein solcher Zaun in ordnungsgemäßem Zustand vorhanden war. Die Länder können definieren, was „allgemein üblich“ ist. Tun sie dies nicht und sind derartige Zäune auch de facto nicht ortsüblich, genügen eventuell andere weniger sichere Schutzmaßnahmen, etwa das Verstänkern oder Besprühen mit Verbissschutzmitteln, Abwehrbänder oder Säckchen mit Menschenhaaren. Dabei bleibt meist unberücksichtigt, ob für derartige Mittel eine positive Wirkung nachgewiesen ist oder nicht.

Aus Bayern liegen hierzu mehrere Urteile vor:

Das Amtsgericht Freising, Zweigstelle Moosburg, verurteilte am 30. September 1987 zwei Jagdpächter, die gegen einen Vorbescheid der Gemeinde zum Schadenersatz an Hopfenpflanzen geklagt hatten, obwohl der Geschädigte keinen Zaun errichtet hatte. In der Begründung verwies das Gericht darauf, dass „in der örtlichen Umgebung des Beklagten insbesondere in unmittelbarer Nachbarschaft keine Maschendraht- oder Elektrozäune verwendet werden. ... Unter Berücksichtigung dieser Umstände kann die Verwendung von Maschendraht- oder Elektrozäunen im Bereich des Beklagten nicht als üblich bezeichnet werden. Die von dem Beklagten verwendeten Schutzmaßnahmen müssen als ausreichend im Sinne des § 32 Abs. 2 Bundesjagdgesetz betrachtet werden.“ Das Gericht sah es als ausreichend an, dass der Hopfenbauer „ein Schreckband angebracht sowie öfters chemische Mittel zur Abwehr von Wildverbiss angewendet“ hatte.

Das Landgericht München II verurteilte unter Aktenzeichen 2 S 1817/79 in 2. Instanz eine Jagdgenossenschaft zum Schadenersatz an Hopfenpflanzen, obwohl die 1. Instanz den Vorbescheid der Gemeinde aufgehoben hatte mit derselben Begründung.

Das Amtsgericht Kelheim, Zweigstelle Mainburg, hingegen befand am 9. Januar 1996 unter Aktenzeichen C 205/95, dass ein Verbissschaden an Hopfenpflanzen nicht zu ersetzen sei, obwohl der Geschädigte Abwehrmaßnahmen in Form von Säckchen mit Menschenhaar und ausgelegter Schafwolle getroffen habe. Es hielt einen 1,5 m hohen Drahtzaun schon deshalb für notwendig, weil die Wilddichte in dem betroffenen Bereich überdurchschnittlich hoch sei.

Aufwändige Kultur

Hopfen wird in Dauerkulturen mit sehr hohem Aufwand angebaut. Die „Reben“, so die etwas irreführende Bezeichnung für die Hopfenpflanzen (Hopfen gehört zu den Hanfgewächsen), erreichen ein Alter von 50 Jahren, werden aber in der Regel deutlich früher ersetzt. Je Hektar stehen, je nach Anbauschema, zwischen 3.700 und 4.500 Pflanzen. Nur an den weiblichen Pflanzen wachsen die Blütendolden – der „Hopfen“. Die Ernte erfolgt im Spätsommer maschinell, anschließend werden die Reben auf den Stock gesetzt. Im Frühjahr erscheinen dann pro Rebe 20 bis 25 neue Triebe, von denen jedoch nur drei bis vier an 1,3 mm starken Drähten in die Höhe wachsen sollen.

Verbiss durch Feldhasen, Rehwild und Wildkaninchen

In den letzten Jahren spielte der Rehwildverbiss am Hopfen eine größere Rolle als jener durch Feldhasen, weil letztere in ihrem Bestand eher zurückgehen, während bei den Rehen vielerorts nicht einmal der Zuwachs genutzt wird. Wildkaninchen kommen nicht in allen Anbaugebieten vor.

Die größte Gefahr besteht während des Austreibens im April und Mai. Dann sind die Jungtriebe für alle drei Arten interessant. Mitunter naschen Rehe an den einzelnen Pflanzen nur. Sie ziehen oft zur nächsten Rebe, ehe sie alle Triebe der ersten Rebe gefressen haben. In dem Fall ist die Sache nicht so schlimm; es bilden sich neue Triebe. Hasen neigen jedoch dazu, ganze Arbeit zu leisten und alle Triebe abzubeißen. Die Reben reagieren darauf zwar ebenfalls mit neuem Austrieb, doch geraten die Pflanzen je nach Verbissintensität ins Stocken. Zumindest kommt es zu zeitlichen Verlusten und ungleichem Erntezeitpunkt.

Hasen gefährden nur Reben bis etwa 0,5 m Höhe; anders die Rehe, die mit ihrem Äser auch noch Triebe und Blätter bis 1,2 m erreichen. Je später der Verbiss erfolgt, um so nachteiliger ist er für den Landwirt, weil inzwischen von der anfänglich großen Zahl junger Triebe die meisten entfernt wurden. Totgebissen werden die Reben jedoch kaum. Sie schlingen sich eng um die Drähte, so dass dem Rehäser meist nur die Leittriebspitzen und Blätter zugänglich sind. Wird die Spitze abgebissen, bildet sich unterhalb ein neuer Trieb.

Fegeschäden durch Rehböcke

Obwohl sich die Reben enganliegend um den Draht schlingen, kommt es immer wieder zu Fegeschäden durch Rehböcke. Der Verlust der Rinde infolge des Fegens führt immer zu Kümmerwuchs und teilweise zum Absterben der Hopfenrebe. Insgesamt gesehen sind aber – nach Aussagen von Landwirtschaftsämtern und Hopfenbauern – die Fegeschäden deutlich geringer als die Verbissschäden.

Schutz vor Verbiss

Die Bayerische Landesanstalt für Bodenkultur und Pflanzenbau in Wolnzach beschäftigt sich seit Jahren mit Schutzmaßnahmen gegen den Verbiss der Hopfenpflanzen. Getestet wurden chemische Verbissschutzmittel, mechanische Abwehr und der Einsatz von Menschenhaar. Vor allem letzterer wird heute von der Landesanstalt den Hopfenbauern und Jägern empfohlen (siehe auch Seite 55).

Hierzu wird je eine Handvoll Menschenhaar (Bezugsquelle: Frisör) in ein Kunststoffsäckchen (Zwiebel- oder Kartoffelsäckchen) gegeben und dieses am Rand der gefährdeten Hopfengärten an jedem zweiten bis dritten Ankerseil in etwa 1 m Höhe befestigt. Damit sich die Rehe nicht an die Haare gewöhnen, müssen die Säckchen entfernt werden, sobald der Hopfen halbe Gerüsthöhe erklommen hat. Selbst starker Regen soll die abschreckende Wirkung nicht mindern.

Als weitere Möglichkeit wird der Einsatz von HaTe 4c-Extrakt empfohlen. Das Mittel wird in einer Konzentration von 0,4 % mit einer Aufwandmenge von 0,1 l/Pflanze auf die Hopfentriebe gespritzt. Der Schutz hält allerdings nur etwa 14 Tage vor und muss auch nach jedem Regen wiederholt werden. Eine vergleichbare Wirkung zeigt das Mittel Arbinol® B, das ebenfalls im Spritzverfahren ausgebracht wird.

Bei gemäßigten Rehwildbeständen kann eine Randbehandlung ausreichen; bei höherer Wilddichte ist jedoch Flächenbehandlung erforderlich.

SCHÄDEN IM SPARGELANBAU

Grundsätzlich

Auch Spargelanbauten sind Sonderkulturen. Sie gedeihen auf leichten, sandigen Böden, bei einer Umtriebszeit von 15 bis 20 Jahren. Die Pflanzen werden etwa 30 cm hoch angehäufelt, damit die jungen Triebe zart und weiß bleiben. Nach der Erntesaison im Mai/Juni lässt man die Triebe auswachsen.

Schäden, die insbesondere von Kaninchen, Feldhasen und Rehen an Spargel angerichtet werden, sind, entsprechend dem Handelswert der Spargel, enorm. Ob von jagdbarem Wild an Spargel verursachte Schäden jedoch ersetzt werden müssen, wird von den Gerichten unterschiedlich beurteilt. Sofern in einzelnen Ländern Gemüseschäden nicht ohnehin ersetzt werden müssen, stellt sich immer die Frage nach den Schutzmaßnahmen. Welche Schutzmaßnahmen als „ortsüblich" anzusehen sind, wird von den Gerichten oft unterschiedlich beurteilt. Einfacher und billiger als gerichtliche Auseinandersetzungen ist die dezidierte Aufnahme oder Ablehnung der Ersatzpflicht in den Jagdpachtvertrag. Es herrscht Vertragsfreiheit.

Schäden durch Feldhasen und Wildkaninchen

Besonders gefährdet sind Spargelkulturen in den ersten beiden Jahren durch Kaninchen. In Österreich spielen diese jedoch – im Gegensatz zu Deutschland – keine so große Rolle. Auch fressen Kaninchen nur in Baunähe, das heißt nahe einem Waldrand oder einer Hecke. Dafür spielt der Feldhase in Österreich derzeit eine größere Rolle als in Deutschland.

Beide Arten sind an den jungen, noch in der Erde steckenden Trieben interessiert. Weil diese bei der Ernte noch rein weiß sein

Neben Wildkaninchen und Krähen schädigen auch Mäuse Spargelkulturen.

sollen (Ausnahme: grüner Spargel), werden sie angehäufelt. Die dabei entstehenden Erdwälle werden teilweise mit Folien abgedeckt, um einen früheren Erntezeitpunkt und damit höheren Verkaufspreis zu erreichen. Der durch Kaninchen und Feldhasen verursachte Schaden besteht also nicht nur im Fraß der unterirdischen Triebe, sondern auch im Aufscharren der Erdwälle und in der Beschädigung der Folie.

Schäden durch Rehe

Rehe spielen beim Anbau von grünem Spargel eine größere Rolle. Sie gehen erst zu Schaden, wenn die Triebe durch den Boden stoßen. Da Spargel frühestens im dritten Jahr nach der Pflanzung geerntet werden, ist der Verbiss junger Spargelkulturen beson-

Rehe sind sehr wählerisch und entwickeln auch lokale Äsungstraditionen. Thujas werden nicht überall verbissen, doch kann es in Baumschulen zu erheblichen Schäden kommen.

ders nachteilig. Später sorgen die vitalen Rhizome dafür, dass verbissene Pflanzen nicht völlig ausfallen.

Auch Schwarzwild interessiert sich gelegentlich für die auswachsenden Spargelpflanzen und richtet dabei erhebliche „Flurschäden“ an.

Schäden durch Kleinnager

Neben Hasen und Kaninchen sind an den unterirdischen Trieben der Spargel auch Kleinnager interessiert. Daher haben Schäden mitunter mehrere Verursacher und sind in der Folge schwierig zu bewerten. Während Hasen und Kaninchen die Hügel aufscharren, graben Wühlmäuse unterirdische Gänge. An der Oberfläche der Hügel sind meist Grabgänge zu finden.

Schäden durch Krähen

Gelegentlich entstehen an Spargelpflanzen durch Raben- oder Nebelkrähen erhebliche Schäden. Diese können sogar jene durch Feldhasen übertreffen. Mitunter sind es große Schwärme, die Spargelfelder heimsuchen. Dabei handelt es sich fast ausschließlich um nicht brütende Junggesellen. Diese gehen bevorzugt dort zu Schaden, wo die ihre Brutreviere verteidigenden Altkrähen geschossen wurden.

Die Vögel picken die aus der Erde stoßenden Spargelköpfe an und machen sie damit unverkäuflich. Sind Spargelkulturen mit Folien abgedeckt, werden diese von den Krähen immer wieder aufgepickt. Damit entsteht doppelter Schaden: Folien und Spargel werden beschädigt und gleichzeitig geht der Verfrühungseffekt verloren.

Völlig unsinnig ist es, über Schäden durch Rabenkrähen zu klagen und gleichzeitig den Abschuss der Habichte zu fordern!

Schutzmaßnahmen

Am wirksamsten lassen sich Spargelfelder nur mithilfe von Zäunen schützen. Geht es im Wesentlichen nur um die Abwehr von Rehen, empfiehlt sich ein E-Zaun mit zumindest vier, besser fünf Stromleitern.

Empfohlen wird auch ein „Geruchszaun“ (siehe auch Seite 55). Hierzu werden im Abstand von maximal 6 m Lappen an eine in Meterhöhe gespannte Schnur gebunden und mit dem Mittel Arbin getränkt (20 ml je Lappen). Die Wirkung ist, vor allem bei größeren Feldern, eher bescheiden.

SCHÄDEN AN BAUMSCHULPFLANZEN

Grundsätzlich

Schäden durch Wild, die in Baumschulen entstehen, sind generell nur dann zu ersetzen, wenn die Baumschule geschützt war. In der Regel wird dies ein fester, mindestens 1,50 m hoher Zaun sein, der Rehwild zuverlässig abhält. Wie hasen- oder gar kaninchendichte Zäune beschaffen sein müssen (siehe Seite 155).

Zur Kasse gebeten kann der zum Ersatz von Wildschäden Verpflichtete dennoch werden, nämlich dann, wenn Schwarzwild sich unter dem Zaun durchwühlt oder wenn es das Geflecht durchbricht. Im Winter ist in schneereichen Gegenden denkbar, dass vor allem Feldhasen Schneeverwehungen nutzen und so über den Zaun gelangen. Hier ist aber immer im Einzelfall zu prüfen, ob der Nutzer der Baumschule bei notwendiger Umsicht und Sorgfalt die Beschädigung vor Entstehung des Schadens hätte erkennen müssen.

Fege- und Verbissschäden durch Rehwild

Fegeschäden sind an bereits älteren Garten- und Parkgehölzen, die meist einen hohen Preis haben, besonders ärgerlich. Rehe können sich aber in Baumschulen kaum längere Zeit unentdeckt aufhalten. Ob der Besitzer oder Nutzer der Baumschule dann den Jäger bitten kann, die Rehe zu erlegen, richtet sich nach dem jeweiligen Landesjagdgesetz. Handelt es sich bei der Baumschule um einen befriedeten Bezirk, dann untersagt dem Jäger in den meisten Ländern schon das Waffengesetz das Führen einer Schusswaffe.

Liegt die Baumschule in der freien Landschaft und gilt sie nach Landesrecht nicht als befriedeter Bezirk, kann der Besitzer oder Nutzer den Jagdausübungsberechtigten bitten, tätig zu werden. Alle Landesjagdgesetze erlauben dem Besitzer oder Nutzer des Geländes jedoch, das Wild aus dem Gelände zu vertreiben.

Hasen und Kaninchen

Beide Arten machen sich überwiegend im Winterhalbjahr durch Verbiss und mehr noch durch Benagen junger Gehölze bemerkbar. Problematisch wird es, wenn Kaninchen in der Baumschule ihre Baue anlegen. Handelt es sich um einen befriedeten Bezirk, so erlaubt eine ganze Reihe von Landesjagdgesetzen dem Besitzer oder Nutzer des Grundstücks die Selbsthilfe. Er darf dann Kaninchen fangen oder erlegen. Auskunft erteilen die örtlich zuständigen Jagdbehörden.

Tabelle 14a

Erweiterung befriedeter Bezirke – beschränkte Jagdausübung

Bundesland	Befriedeter Bezirk	Rechte des Eigentümers oder Nutzers	Möglichkeiten des Jagdausübungsberechtigten
Baden-Württemberg JWmG § 13	Die untere Jagdbehörde kann durch Anordnung ganz oder teilweise zu befriedeten Bezirken erklären: Grundflächen, die durch Einzäunung oder auf andere Weise gegen den Zutritt von Menschen abgeschlossen und deren Zugänge absperrbar sind.	Die untere Jagdbehörde kann ... Eigentümerinnen, Eigentümern oder Nutzungsberechtigten von Grundflächen, auf denen die Jagd ruht, oder den von ihnen Beauftragten die Ausübung der Jagd auf Wildkaninchen ... und die Aneignung der gefangenen oder erlegten Tiere für eine bestimmte Zeit auch ohne Jagdschein genehmigen.	Die untere Jagdbehörde kann in befriedeten Bezirken der jagdausübungsberechtigten Person oder der von dieser beauftragten Person bestimmte Jagdhandlungen unter Beschränkung auf bestimmte Wildtierarten und auf eine bestimmte Zeit gestatten.
Bayern BayJG Art. 6	Darüber hinaus kann die Jagdbehörde für befriedet erklären: Grundflächen, die gegen das Ein- oder Auswechseln von ... Wildkaninchen ... und gegen unbefugten Zutritt von Menschen dauernd abgeschlossen und deren Eingänge absperrbar sind.	In befriedeten Bezirken kann die Jagdbehörde dem Eigentümer, dem Nutzungsberechtigten, dem Revierinhaber oder deren Beauftragten bestimmte Jagdhandlungen unter Beschränkung auf bestimmte Wildarten und auf eine bestimmte Zeit gestatten.	
Berlin LJagdG Bln § 5	Darüber hinaus kann die Jagdbehörde Grundflächen, die gegen das Ein- und Auswechseln von Wild (ausgenommen ... Wildkaninchen ...) dauernd abgeschlossen und deren Eingänge abgesperrt sind, ganz oder teilweise befrieden.		In befriedeten Bezirken ... kann die zuständige Behörde dem Jagdausübungsberechtigten oder dessen Beauftragten bestimmte Jagdhandlungen ... gestatten.
Brandenburg Bbg JagdG § 5	Die untere Jagdbehörde kann auf Antrag des Eigentümers Grundflächen, die gegen das Ein- und Auswechseln von Wild (... Wildkaninchen ...) dauernd abgeschlossen und deren Eingänge abgesperrt werden können, für befriedet erklären.	In befriedeten Bezirken kann die untere Jagdbehörde dem Eigentümer, dem Nutzungsberechtigten, dem Jagdausübungsberechtigten eines angrenzenden Jagdbezirkes oder deren Beauftragtem bestimmte Jagdhandlungen unter Beschränkung auf bestimmte Wildarten und auf eine bestimmte Zeit gestatten. Antragsberechtigt ist der Grundeigentümer oder dessen Beauftragter.	

Bundesland	Befriedeter Bezirk	Rechte des Eigentümers oder Nutzers	Möglichkeiten des Jagdausübungsberechtigten
Bremen LJagdG Art. 7	Die Jagdbehörde kann auf Antrag des Eigentümers oder Nutzungsberechtigten oder Amts wegen vollständig abgeschlossene Grundflächen ... zu befriedeten Bezirken erklären.	In befriedeten Bezirken dürfen die Eigentümer und Nutzungsberechtigten sowie deren Beauftragte unter Beachtung der jagd- und tierschutzrechtlichen Vorschriften jederzeit Wildkaninchen fangen oder töten und sich aneignen.	Sie kann eine beschränkte Ausübung der Jagd in befriedeten Bezirken gestatten.
Hamburg Hamburgisches JagdG § 2	Die zuständige Behörde kann solche Grundflächen, die durch Einzäunung oder auf andere Weise gegen den Zutritt von Menschen abgeschlossen und deren Eingänge sowie Einsprünge absperrbar sind, und Anlagen ganz oder teilweise befrieden.	Der Eigentümer oder Nutzungsberechtigte von befriedeten Bezirken darf Wildkaninchen ... unter Beachtung der jagd-, tier- und naturschutzrechtlichen Vorschriften selbst oder durch Beauftragte fangen, töten und sich aneignen.	Die zuständige Behörde kann im Einzelfall eine beschränkte Ausübung der Jagd im befriedeten Bezirk zulassen.
Hessen H JagdG § 5	Die Jagdbehörde kann auf Antrag von Eigentümern oder Nutzungsberechtigten oder von Amts wegen ... Grundflächen, die durch Einzäunung oder auf andere Weise gegen den Zutritt von Menschen abgeschlossen und deren Eingänge ... absperrbar sind, ganz oder teilweise befrieden.	Eigentümer und Nutzungsberechtigte von befriedeten Grundflächen sowie von ihnen Beauftragte dürfen dort Wildkaninchen ... fangen, töten und sich aneignen.	In befriedeten Bezirken kann die Jagdbehörde die Jagdausübung in Ausnahmefällen gestatten.
Mecklenburg-Vorpommern JagdG M-V § 5	Die Jagdbehörde kann auf Antrag des Eigentümers oder Nutzungsberechtigten oder von Amts wegen ganz oder teilweise zu befriedeten Bezirken erklären: ... Grundflächen, die durch Einzäunung oder auf andere Weise gegen den Zutritt von Menschen abgeschlossen, deren Eingänge absperrbar sind und die keine Einsprünge haben.	Der Eigentümer oder Nutzungsberechtigte und die von ihm Beauftragten dürfen in befriedeten Bezirken ... Wildkaninchen innerhalb der Jagdzeit tierschutzgerecht fangen, töten und sich aneignen.	In befriedeten Bezirken kann die Jagdbehörde Jagdscheininhabern die Erlaubnis zum Erlegen von Wild erteilen. Die von der Jagdbehörde beauftragten Personen gelten als Beauftragte der Eigentümer.

Bundesland	Befriedeter Bezirk	Rechte des Eigentümers oder Nutzers	Möglichkeiten des Jagdausübungsberechtigten
Niedersachsen N JagdG § 9	Die Jagdbehörde kann vollständig eingefriedete Grundflächen, die nicht nach Absatz 1 befriedet sind, ... zu befriedeten Bezirken erklären.		Jagdbehörde kann einer zur Jagd befugten Person eine beschränkte Jagdausübung gestatten.
Nordrhein-Westfalen LJG-NRW § 4	Grundflächen, die gegen das Ein- und Auswechseln von Wild – ausgenommen ... Wildkaninchen ... – dauernd abgeschlossen sind ..., können durch die untere Jagdbehörde ganz oder teilweise zu befriedeten Bezirken erklärt werden.	In befriedeten Bezirken dürfen ... Eigentümer und Nutzungsberechtigte sowie deren sachkundige Beauftragte unter Beachtung der jagd- und tierschutzrechtlichen Vorschriften jederzeit Wildkaninchen fangen oder töten und sich aneignen.	Die untere Jagdbehörde kann ... in befriedeten Bezirken Grundstückseigentümern und Nutzungsberechtigten sowie deren Beauftragten eine beschränkte Ausübung der Jagd allgemein oder im Einzelfall gestatten.
Rheinland-Pfalz LJG § 8	Nicht aktuell	Nicht aktuell	Nicht aktuell
Saarland SJG § 4	Die oberste Jagdbehörde kann auf Antrag des Eigentümers, des Nutzungsberechtigten, der Naturschutzbehörde oder von Amts wegen ganz oder teilweise befrieden: ... vollständig eingefriedete Grundflächen, die durch Einzäunung oder auf andere Weise gegen den Zutritt von Menschen abgeschlossen und deren Eingänge absperrbar sind und die keine Einsprünge besitzen ...	Der Eigentümer oder Nutzungsberechtigte von befriedeten Bezirken darf zur Abwendung von Schäden vorbehaltlich der Bestimmung des § 22 Abs. 4 Satz 1 des Bundesjagdgesetzes und des § 32 Abs. 1 Nummer 2 und 3 jederzeit Haarraubwild, mit Ausnahme der ganzjährig geschonten Arten, und Wildkaninchen fangen oder töten und sich aneignen.	Die oberste Jagdbehörde kann in befriedeten Bezirken dem ... Jagdausübungsberechtigten bestimmte Jagdhandlungen unter Beschränkung auf bestimmtes Wild und auf bestimmte Zeit gestatten ...

Bundesland	Befriedeter Bezirk	Rechte des Eigentümers oder Nutzers	Möglichkeiten des Jagdausübungsberechtigten
Sachsen Sächs JagdG § 8	Die Jagdbehörde kann für befriedet erklären: ... Grundflächen, die gegen das Ein- und Auswechseln von Wild – ... Wildkaninchen ... – und gegen unbefugten Zutritt von Menschen dauernd abgeschlossen und deren Eingänge absperrbar sind.	Der Eigentümer oder Nutzungsberechtigte eines Grundstückes in einem befriedeten Bezirk darf Dachse, Füchse, Iltisse, Marderhunde, Minke, Nutrias, Steinmarder, Waschbären sowie Wildkaninchen auch ohne Jagdschein fangen und sich aneignen.	Der Eigentümer oder Nutzungsberechtigte eines Grundstückes in einem befriedeten Bezirk darf Dachse, Füchse, Iltisse, Marderhunde, Minke, Nutrias, Steinmarder, Waschbären sowie Wildkaninchen auch ohne Jagdschein fangen und sich aneignen.
Sachsen-Anhalt LJagdG SA § 6	Die Jagdbehörde kann auf Antrag des Eigentümers oder Nutzungsberechtigten oder von Amts wegen vollständig abgeschlossene Grundflächen zu befriedeten Bezirken erklären.	Der Eigentümer oder Nutzungsberechtigte von befriedeten Bezirken darf unabhängig von jagdrechtlichen Beschränkungen Füchse, Steinmarder, Waschbären, Marderhunde, Minke, Nutria und Kaninchen fangen, töten und für sich behalten.	Die Jagdbehörde kann eine beschränkte Ausübung der Jagd in befriedeten Bezirken gestatten.
Schleswig-Holstein LJagdG § 4	Die Jagdbehörde kann auf Antrag der jeweiligen Eigentümerinnen oder Eigentümer oder Nutzungsberechtigten oder von Amts wegen ganz oder teilweise zu befriedeten Bezirken erklären: Grundflächen, die gegen das Ein- und Auswechseln von Schalenwild und gegen den unbefugten Zutritt von Menschen dauerhaft abgesperrt sind.	Eigentümer oder Nutzungsberechtigte von befriedeten Bezirken und deren Beauftragte dürfen zur Schadensabwehr ... Wildkaninchen ... innerhalb der Jagdzeit tierschutzgerecht fangen, töten und sich aneignen.	Die Jagdbehörde kann Jagdscheininhaberinnen oder Jagdscheininhabern die Erlaubnis zur Ausübung der Jagd ... erteilen.
Thüringen ThJG § 6	Darüber hinaus kann die untere Jagdbehörde für befriedet erklären: Grundflächen, die gegen das Ein- oder Auswechseln von Wild – ausgenommen ... Wildkaninchen ... – und gegen unbefugten Zutritt von Menschen dauernd abgeschlossen und deren Eingänge absperrbar sind.	Eigentümer oder Nutznießer von befriedeten Bezirken können unter Beachtung des Tierschutzgesetzes Kaninchen fangen und töten und sich aneignen.	Die Jagdbehörde kann eine beschränkte Ausübung der Jagd in befriedeten Bezirken gestatten.

Tabelle 14b

Ruhen der Jagd und rechtliche Möglichkeiten in Österreich

Bundesland	Ruhen der Jagd	Rechte des Eigentümers oder Nutzers	Möglichkeiten des Jagdausübungsberechtigten
Burgenland LJG § 20	Die Bezirksverwaltungsbehörde hat das Ruhen der Jagd von Amts wegen oder über Antrag der Eigentümerin oder des Eigentümers solcher Grundflächen zu verfügen, die durch eine feste Einfriedung (Gitter, Zaun, Mauer usw.) dauernd derart umschlossen sind, dass der Zutritt fremden Personen auf einem anderen Weg als durch die an der Einfriedung angebrachten schließbaren Türen und Tore unmöglich ist.	Auf den Grundflächen darf das Wild nur mit Zustimmung der Grundeigentümerin oder des Grundeigentümers getrieben oder erlegt werden.	Der oder dem Jagdausübungsberechtigten steht die Befugnis zu, sich das Wild, das sich auf den in den Abs. 1 und 2 bezeichneten Grundflächen gefangen hat oder dort gefallen oder verendet ist, sowie etwa dort aufgefundene Abwurfstangen und Eier des Federwildes anzueignen.
Kärnten LJG § 15	Auf Antrag des Eigentümers oder des Jagdausübungsberechtigten hat die Bezirksverwaltungsbehörde das Ruhen der Jagd auf Grundstücken zu verfügen, die durch eine feste Umfriedung dauernd umschlossen sind.	Die Eigentümer der in Abs. 1 und 2 genannten Grundstücke oder die von ihnen beauftragten Personen dürfen auf diesen, wenn dies zur Verhütung ernster Schäden in der Tierhaltung, insbesondere zum Schutz der Haustiere, unbedingt erforderlich ist, Füchse, Dachse, Edel- und Steinmarder und Iltisse fangen und töten.	Dem Jagdausübungsberechtigten steht die Befugnis zu, sich das Wild, das sich auf den ... Grundstücken gefangen hat oder dort verendet ist, ... anzueignen.
Niederösterreich LJG § 17	Die Bezirksverwaltungsbehörde hat ferner das Ruhen der Jagd auf die Dauer der nächstfolgenden Jagd-periode über Antrag des Jagdausübungsberechtigten oder desEigentümers für solche Grundstücke zu verfügen, die durch eine schalenwilddichte Umfriedung (Gitter, Zaun, Mauer usw.) dauernd derart umschlossen sind, dass der Zutritt fremden Personen ohne Beschädigung oder Übersetzung der Umfriedung auf einem anderen Wege als durch die an der Umfriedung angebrachten schließbaren Türen und Tore unmöglich ist.	Im Falle eines schädigenden Überhandnehmens von ... Hasen, wilden Kaninchen ... auf Flächen, auf denen die Jagd ruht, kann die Bezirksverwaltungsbehörde den Jagdausübungsberechtigten beauftragen, nach Verständigung des Grundeigentümers ... dieses Wild zu fangen oder zu erlegen.	Dem Jagdausübungsberechtigten steht die Befugnis zu, sich das Wild, das sich auf den ... Grundstücken gefangen hat oder dort gefallen oder verendet ist, anzueignen und angeschossenes oder krankes Wild zu töten.

Bundesland	Ruhen der Jagd	Rechte des Eigentümers oder Nutzers	Möglichkeiten des Jagdausübungsberechtigten
Oberösterreich LJG § 4	Flächen, auf denen die Jagd ruht, sind: nicht forstlich genutzte Grundflächen, in die das Eindringen des Haarwildes durch natürliche oder künstliche Umfriedungen verhindert wird; landesübliche Weidezäune gelten nicht als Umfriedungen in diesem Sinne ...	Nicht aktuell	Nicht aktuell
Salzburg LJG § 10	Die Jagd ruht ferner auf Grundflächen, die durch eine natürliche oder künstliche ständige Umfriedung (Hecke, Gitter, Mauer u. dgl.) vornehmlich gegen den Zutritt fremder Personen auf anderem Weg als durch angebrachte schließbare Türen und Tore umschlossen sind.	Nicht aktuell	Die Jagdbehörde kann über Antrag oder nach Anhörung der Gemeinde, der Jagdgebietsinhaber, der betroffenen Grundbesitzer und der Jagdinhaber zeitlich beschränkte Ausnahmen vom Ruhen der Jagd unter Vorschreibung der entsprechenden Sicherheitsvorkehrungen bewilligen, wenn öffentliche Interessen, Interessen des Grundbesitzers oder besondere jagdliche Gründe dies erfordern.
Steiermark LJG § 55	Auf Grundstücken, welche zu einem Gemeindejagdgebiet gehören und durch eine natürliche oder künstliche, ständige Umfriedung (Hecke, Gitter, Mauer u. dgl.) derart umschlossen sind, dass der Zutritt dritter Personen ohne Verletzung oder Übersetzung der Umfriedung auf keinem anderen Weg als durch die angebrachten schließbaren Türen oder Tore möglich erscheint, ruht die Jagd während der Jagdpachtzeit ...	Nicht aktuell	Nicht aktuell
Tirol LJG § 10	Grundflächen, auf denen die Jagd ruht, sind: Grundflächen, in die das Eindringen des Wildes durch natürliche oder künstliche Umfriedung verhindert wird.	Nicht aktuell	Nicht aktuell

Bundesland	Ruhen der Jagd	Rechte des Eigentümers oder Nutzers	Möglichkeiten des Jagdausübungsberechtigten
Vorarlberg LJG § 6	Nicht anrechenbar sind ... Grundflächen, die so eingezäunt sind, dass Schalenwild nicht eindringen kann, ausgenommen Waldflächen, die zum Schutz gegen Wildschäden vorübergehend eingezäunt sind.	Nicht aktuell	Nicht aktuell
Wien LJG §§ 9, 10	Auf Antrag des Grundeigentümers hat der Magistrat die Ausübung der Jagd auf sonstigen Grundflächen zu untersagen, wenn diese durch eine feste Umfriedung (Gitter, Zaun, Mauer usw.) derart umschlossen sind, dass der Zutritt fremden Personen ohne Beschädigung oder Übersetzung der Umfriedung auf einem anderen Wege als durch die an der Umfriedung angebrachten schließbaren Türen oder Tore unmöglich ist ...	Nicht aktuell	Solange die Jagd auf den ... Grundflächen ruht, ist es verboten, das Wild dort anzulocken (anzukirren), zu hegen und – außer den im § 76, Abs. 3, und § 80 genannten Fällen – zu fangen und zu erlegen.

SCHÄDEN AN HAUSTIEREN UND WEIDEVIEH

SCHÄDEN AN HAUSKANINCHEN UND GEFLÜGEL

Grundsätzlich

Kleintierhaltung spielt heute keine große Rolle mehr. Nur noch selten findet man auf dem Land freilaufende Hühner, Enten oder Gänse, in Österreich noch eher als in Deutschland. Rechtlich ist es in Deutschland und in den meisten österreichischen Bundesländern so, dass die von Fuchs, Marder, Habicht oder Rabenvögel getöteten Haustiere nicht ersetzt werden müssen. In der Regel entstehen derartige Schäden aber auch im Bereich eines befriedeten Bezirkes bzw. dort, wo die Jagd ruht. Dort ist der Jäger weder jagdberechtigt noch zur Begleichung von Wildschäden verpflichtet. Von den Geschädigten wird das häufig nicht verstanden. Der Jäger wird, auch wenn er nicht bezahlen muss, dennoch um ein gutes Verhältnis mit den Geflügelhaltern bemüht sein. Wo sich die Möglichkeit bietet, wird er außerhalb des befriedeten Bezirkes seinen guten Willen unter Beweis stellen.

In einer Reihe von Bundesländern dürfen die Grundeigentümer oder Grundnutzer in befriedeten Bezirken (Deutschland) bzw. dort, wo die Jagd ruht (Österreich), Raubwild, insbesondere Fuchs und Steinmarder, fangen und töten. Einen Überblick bietet Tabelle 15.

Tabelle 15a

Wo ist Selbsthilfe oder Hilfe durch Grundeigentümer/Grundnutzer und Jagdausübungsberechtigte in Deutschland im befriedeten Bezirk erlaubt?

Bundesland	Welche Wildart?	Generell / Antrag?	Grundeigentümer?	Jagdausübungsberechtigter
Baden-Württemberg JWmG § 13	Wildkaninchen, Füchse, Steinmarder und andere Wildarten	Antrag	Eigentümer oder Nutzungsberechtigte von Grundflächen	Jagdausübungsberechtigte Person oder von dieser beauftragte Person
Berlin LJagdG Bln § 5		Antrag	Auf bestimmte Wildarten	Jagdausübungsberechtigte oder deren Beauftragte

Bundesland	Welche Wildart?	Generell / Antrag?	Grundeigentümer?	Jagdausübungsberechtigter
Bayern BayJG Art. 6	Bestimmte Jagdhandlungen auf bestimmte Wildarten	Antrag	Eigentümer, Nutzungsberechtigte oder deren Beauftragte	Revierinhaber oder deren Beauftragte
Brandenburg BbgJagdG § 5	„Bestimmte Wildarten“	Antrag	Eigentümer und Nutzungsberechtigter oder deren Beauftragte	Jagdausübungsberechtigte eines angrenzenden Jagdbezirkes oder deren Beauftragte
Bremen LJagdG Art. 7	Nur Wildkaninchen	Generell	Eigentümer und Nutzungsberechtigte sowie deren Beauftragte	Nur wenn vom Eigentümer beauftragt
Hamburg Hamburgisches Jagdgesetz § 2	Wildkaninchen und Steinmarder	Generell	Eigentümer oder Nutzungsberechtigte	Die zuständige Behörde kann im Einzelfall eine beschränkte Ausübung der Jagd im befriedeten Bezirk zulassen.
Hessen HJagdG § 5	Wildkaninchen und nicht geschützte Beutegreifer	Generell	Eigentümer und Nutzungsberechtigte sowie von ihnen Beauftragte	In befriedeten Bezirken kann die Jagdbehörde die Jagdausübung in Ausnahmefällen gestatten.
Mecklenburg-Vorpommern LJagdG M-V § 5	Füchse, Steinmarder, Iltisse, Marderhunde, Waschbären und Wildkaninchen	Generell Antrag	Der Eigentümer oder Nutzungsberechtigte und die von ihm Beauftragten	In befriedeten Bezirken kann die Jagdbehörde Jagdscheininhabern die Erlaubnis zum Erlegen von Wild erteilen. Die von der Jagdbehörde beauftragten Personen gelten als Beauftragte der Eigentümer.

Bundesland	Welche Wildart?	Generell / Antrag?	Grundeigentümer?	Jagdausübungsberechtigter
Niedersachsen NJagdG § 9	„Beschränkte Jagdausübung“	Antrag	Grundstückseigentümer und Nutzungsberechtigte	Vorzugsweise Jäger des betreffenden Jagdbezirks, wenn vom Eigentümer oder Nutzungsberechtigten beauftragt
Nordrhein-Westfalen LJG-NRW § 4	„Beschränkte Jagdausübung“, jedoch Wildkaninchen generell	Antrag	Grundstückseigentümer und Nutzungsberechtigte sowie deren Beauftragte	
Rheinland-Pfalz LJG § 8	„Wild“	Antrag	Eigentümer oder nutzungsberechtigte Personen	
Saarland SJG § 4	Haarraubwild, ausgenommen ganzjährig geschützte Arten und Wildkaninchen	Generell	Eigentümer oder Nutzungsberechtigte	Jagdausübungsberechtigte nur auf Antrag
Sachsen SächsJagdG § 6	Wildkaninchen, Füchse, Steinmarder, Iltisse, Hermeline und Dachse	Generell	Eigentümer oder Nutzungsberechtigte sowie die von ihnen Beauftragten	Jagdbezirksinhaber oder deren Beauftragte auf Antrag, bestimmte „Jagdhandlungen“
Sachsen-Anhalt LJagdG SA § 6a	Füchse, Steinmarder, Waschbären, Marderhunde, Minke, Nutria und Kaninchen	Generell	Eigentümer oder Nutzungsberechtigte	
Schleswig-Holstein LJagdG § 4	Füchse, Steinmarder und Wildkaninchen	Generell	Eigentümer oder Nutzungsberechtigte	Jagdscheininhaber auf Antrag des Eigentümers oder Nutzungsberechtigten
Thüringen ThJG § 6	Haarraubwild und Kaninchen	Antrag	Eigentümer oder Nutzungsberechtigte	

Tabelle 15b

Wo ist Selbsthilfe oder Hilfe durch Grundeigentümer/Grundnutzer und Jagdausübungsberechtigte in Österreich bei Jagdruhe erlaubt?

Bundesland	Welche Wildart?	Generell / Antrag?	Grundeigentümer?	Jagdausübungsberechtigter
Burgenland LJG § 101	Hasen und wilde Kaninchen	Generell	Zum Schutze des Eigentums ist den Besitzerinnen und Besitzern von Häusern, Gehöften und dazugehörenden Höfen und Hausgärten gestattet, dort Füchse, Steinmarder, Iltisse oder Wiesel zu fangen, zu töten und sich anzueignen.	
Kärnten LJG § 15	Füchse, Dachse, Edel- und Steinmarder und Iltisse	Generell	Eigentümer oder die von ihnen beauftragten Personen	Wenn vom Eigentümer beauftragt
Tirol LJG § 10	Dachse, Füchse, Steinmarder und Iltisse	Generell	Eigentümer und die von ihnen beauftragten Personen	Wenn vom Eigentümer beauftragt
Niederösterreich LJG § 17	Hasen und wilde Kaninchen Haarraubwild, Schwarzwild	Generell Antrag	Besitzern von Obstgärten unter zehn Jahren und Besitzern von Baumschulen ist gestattet, Hasen oder wilde Kaninchen, die in den Obstgarten oder die Baumschule trotz einer dieselbe vollständig umschließenden, mindestens 120 cm hohen, hasendichten Umfriedung eingedrungen sind, daselbst auch während der Schonzeit zu erlegen.	Jagdausübungsberechtigter auf Antrag, im Falle „eines schädigenden Überhandnehmens" der aufgeführten Arten

Bundesland	Welche Wildart?	Generell / Antrag?	Grundeigentümer?	Jagdausübungsberechtigter
Oberösterreich LJG § 67	Feldhasen und Wildkaninchen	Generell	Baumschulbesitzern ist gestattet, Hasen oder wilde Kaninchen, die trotz einer hasendicht gehaltenen Umzäunung der im Abs. 1 (siehe Seite 155) bezeichneten Höhe in die Baumschule eingedrungen sind, darin auch während der Schonzeit zu erlegen.	
Salzburg LJG § 89	Beutegreifer und Bisamratte	Generell	Den Besitzern von Häusern und Gehöften ist es gestattet, in diesen und den dazugehörigen Hausgärten und Höfen Beutegreifer und Bisamratten durch geeignete Maßnahmen fernzuhalten oder zu vertreiben. Bisamratten und jene Beutegreifer, die nicht ganzjährig geschont sind, dürfen auch getötet werden.	Auf Grundflächen, auf welchen die Jagd ruht, darf das Wild verfolgt und gefangen, aber nicht erlegt werden.
Steiermark LJG § 55		Antrag	Über begründeten Antrag der Grundeigentümerin/des Grundeigentümers oder der Betreiberin/des Betreibers einer Anlage gemäß Abs. 2, insbesondere wenn Wildschäden die Funktion des Nutzungszweckes gefährden, kann die Behörde zeitlich und örtlich begrenzte Ausnahmen vom Verbot der Jagdausübung auf Flächen nach Abs. 2 unter Vorschreibung von Auflagen, insbesondere die die Sicherheit von Personen gewährleisten, genehmigen.	

Bundes-land	Welche Wild-art?	Generell / Antrag?	Grundeigentümer?	Jagdausübungs-berechtigter
Vorarlberg LJG § 28		Generell	Der Eigentümer oder Nutzungsberechtigte eines Grundstückes ist berechtigt, das Wild zur Verhütung von Wildschäden von seinen Grundstücken abzuhalten oder zu vertreiben. Er darf hiebei das Wild weder gefährden noch verletzen. Auf Grundflächen gemäß § 6 Abs. 4 lit. a, b und d darf er Raubwild, das nicht ganzjährig geschont ist, töten, soweit dies notwendig ist, um Schäden zu verhindern.	

In befriedeten Bezirken (D) oder dort, wo die Jagd ruht (A), dürfen Steinmarder teilweise von den Eigentümern oder Nutzungsberechtigten des Grundstückes gefangen oder erlegt werden (Landesrecht beachten).

Fuchs und Steinmarder

Dort, wo der Wald nicht weit entfernt ist, kommt es im Frühjahr (während der Aufzuchtzeit der Fuchswelpen) immer wieder zu Übergriffen auf Hausgeflügel. Gelingt es einer Fuchsfähe, im Dorf Beute zu machen, ist die Wahrscheinlichkeit groß, dass sie es immer wieder versucht. Fast immer wird dann der Jäger gerufen. Ist dieser gesetzestreu, darf er die Fuchsfähe, während sie Junge zu betreuen hat, nicht erlegen. Bei korrekter Auslegung der Gesetze ist mehrheitlich auch der Rüde tabu, denn in den meisten Gesetzen ist nicht vom „Muttertier" die Rede, sondern von den „zur Aufzucht notwendigen Elterntieren". Der Jäger macht sich folglich sogar strafbar, wenn er in dieser Zeit einen Fuchs oder Marder erlegt. Kleintierhalter haben dafür meist wenig Verständnis.

Der Jäger kann eventuell – je nach örtlicher Situation – versuchen, die Fähe zu fangen. Das ist meist nicht ganz einfach. Häufig kommt der Fuchs nämlich am hellen Tag, sondiert aus guter Deckung heraus die Lage, schnappt sich dann das ihm am nächsten befindliche Federvieh und verschwindet. Anders ist die Situation, wenn das Geflügel hinter Zaun gehalten wird, der Fuchs erst in der Dunkelheit kommt und dann versucht, in den Stall einzudringen. Dann ist er am leichtesten zu fangen, wenn eine geräumige Lebendfalle in einer Zaunecke innerhalb des Auslaufes aufgestellt wird. Neue Fallen erregen oft Misstrauen. Es ist daher gut, sie ordentlich zu verwittern. Man kann die äußere Klappe schließen und für das Geflügel in der Falle etwas Getreide streuen oder man verwittert sie zuvor im Mist.

Hat sich der Fuchs oder Steinmarder gefangen (häufiger wird eine Hauskatze in der Falle sitzen), darf der Jäger diese Tiere nicht töten. Ein probates Mittel ist aber, einige Male recht fest mit einer Schaufel oder mit einem Prügel auf die Falle zu schlagen, ehe man das gefangene Raubwild wieder entweichen lässt. Auch ein Hund, der sich an der Falle recht giftig benimmt, hinterlässt bei Fuchs und Marder einen nachhaltigen Eindruck. Das mag brutal klingen, rettet dem Tier aber das Leben und der Erfolg ist ziemlich sicher. Fuchs oder Marder werden so schnell nicht mehr zurückkommen.

Wenn der Marder in den Hühnerstall eindringt, kommt es immer wieder zu größeren Verlusten. Dabei ist der Steinmarder keineswegs „mordlustig", wie der alte Brehm noch schrieb, und er hat es in der Regel nicht auf die Hühner, sondern auf deren Eier abgesehen. Er gerät aber sehr schnell in Panik, sobald die Hühner unruhig werden. Das ist regelmäßig dann der Fall, wenn die Stangen, auf denen die Hühner nächtigen, zu tief angebracht sind. Die Hühner werden dann beim Anblick des Marders unruhig, wechseln ihre Plätze, bedrängen sich gegenseitig und flattern umher. Der Marder fühlt sich bedroht und sorgt für Ruhe ...

Der Verfasser wohnte viele Jahre in einem Forsthaus mitten im Wald, hatte aber mit dem Marder nur ein einziges Mal „Ärger". Wie so oft hatte er am Abend vergessen, am Hühnerstall die Falle herunterzulassen. Wohl aber waren vorher noch die Eier aus den Legenestern genommen worden. Was drinnen blieb, waren drei altgediente und daher intensivst nach Federvieh riechende Gipseier. Die waren schwerer als Natureier, dennoch trug sie der Marder, eines nach dem anderen, in den Wald. Die Hühner verhielten sich auf ihren hohen Stangen ruhig und der Marder interessierte sich nicht für sie. Wir fanden die drei Gipseier Wochen später, versehen mit zahlreichen Zahnmarken, unweit des Forsthauses.

Gelegentlich vergreift sich der Fuchs auch an freilaufenden Enten. Das ist vor allem dann der Fall, wenn die Enten nahe Fließgewässer nutzen und zwischendurch am Ufer ruhen.

Gänsen kann der Fuchs wenig anhaben. Daran ändert auch das alte Kinderlied „Fuchs, du hast die Gans gestohlen“ wenig. Gänse sind nicht nur recht groß, sie haben auch einen starken Gemeinschaftssinn. Die Ganter verteidigen ihre Familie vehement und machen einen Höllenlärm, der den Fuchs verunsichert und auch Menschen alarmiert.

Eine leichte Beute sind für den Fuchs freilaufende Hauskaninchen.

Schäden durch den Habicht

Innerhalb eines Dorfes oder einer Siedlung sind Hühner vor dem Habicht ziemlich sicher. Anders ist das am Ortsrand, vor allem dann, wenn der Wald nicht weit ist. Der Habicht jagt im Pirschflug, nutzt jede Deckung und taucht ganz plötzlich auf. Er überrascht die arglosen Hühner und eines muss daran glauben. Wenn er die Wahl hat, sucht er sich ein schwächeres Huhn als Beute aus; an Hähnen vergreift er sich eher selten. Hat er ein Huhn geschlagen, bleibt er meist einige Zeit auf diesem stehen, ehe er zu rupfen beginnt. Mitunter leben diese Hühner noch und tragen kaum Schäden davon. Ansonsten lassen sich solche Hühner, kommt man rechtzeitig hinzu, noch ohne weiteres in der Küche verwerten.

Die wenigsten Verluste gibt es durch Standhabichte. Darunter versteht man Paare, die alljährlich im selben Bereich nisten (horsten) und ihre Jungen aufziehen. In der Regel hat ein Habichtspaar mehrere Nester (Horste), bewohnt aber jeweils nur eines. Diese Paare kennen sich in ihrem Jagdrevier aus und vermeiden Konfrontationen mit dem Menschen. Standhabichte verhalten

Beim Rupfen seiner Beute dreht sich der Habicht im Kreis. Dabei entsteht ein Kranz von Federn. Gerne rupft er auf einer erhöhten Stelle. Federn, die ein Greifvogel seiner Beute ausrupft, sind höchstens gequetscht oder geknickt, aber nie abgebissen. Fuchs und Marder beißen die Federn hingegen ab.

sich auch aggressiv gegenüber durchstreifenden, noch revier- und erfahrungslosen Artgenossen. Geflügelhalter bedrängen den Jäger oftmals, er solle die Althabichte erlegen. Doch abgesehen von der Gesetzeslage wäre das eher kontraproduktiv. Die durchstreifenden Junghabichte hätten freie Bahn.

Schäden durch Sperber, Krähen und Elstern

Alle drei Arten richten unter Hausgeflügel eher selten Schaden an. Wenn, dann handelt es sich um noch wirklich kleine Hühner- oder Entenküken. Krähen sind wesentlich dreister als Sperber und werden schneller als diese zu „Wiederholungstätern“.

SCHÄDEN AN PAAR- UND EINHUFERN

Schäden durch den Braunbären

Der Braunbär kommt in Deutschland nicht vor und spielt in Österreich, was die von ihm gerissenen Weidetiere betrifft – verglichen mit den Schäden, die durch Hirsch und Reh am Wald entstehen –, nur eine völlig untergeordnete Rolle. Gleichwohl verursacht ein einziges vom Bären gerissenes Schaf ein weit größeres Medienecho als Schälschäden in Millionenhöhe!

Schutz vor Bärenschäden bietet der E-Zaun, sofern er hoch genug errichtet wird und der unterste Draht nicht höher als 20 cm über dem Boden geführt wird. Im Flachland und Mittelgebirge ist das mehrheitlich praktikabel, nicht jedoch im weitläufigen, unübersichtlichen alpinen Gelände, wo Schafe und Ziegen ohne Aufsicht weiden.

In Südosteuropa und inzwischen auch in Teilen des Schweizer Alpenraumes leben in den freilaufenden Herden, zur Abschreckung der Bären, häufig Herdenschutzhunde. Auch scheint, dass dort, wo Weidetiere über längere Zeit mit Bären oder Wölfen den Lebensraum teilen, die Herden eher beisammenbleiben. Mitunter halten sich bei den Weidetieren auch Esel auf. Diese sollen frühzeitig vor dem Bären warnen und diesen vertreiben. Letzteres ist zu bezweifeln, da der Bär regelmäßig auch weidende Esel reißt. Eher ist es so, dass die aufmerksamen Esel die Herdenschutzhunde alarmieren.

Herdenschutzhunde müssen mit den Schafen aufwachsen. Sie fühlen sich dann als Schafe und verteidigen die Herde gegen Bär und Wolf gleichermaßen.

Schäden durch den Wolf

Um die Jahrtausendwende kehrten die Wölfe nach Deutschland zurück. Seit 2009 werden sie auch in Österreich regelmäßig nachgewiesen und zumindest seit 2016 gibt es auch in Österreich Nachwuchs. Daher ist jederzeit damit zu rechnen, dass Weide- oder Haustiere gerissen werden. Obwohl Wölfe äußerst scheue Tiere sind, können sie, vor allem in der Dunkelheit, bis an den Rand von Siedlungen kommen. Gleichwohl weichen sie dem Menschen aus.

Einen sicheren Schutz für Weidetiere bietet nur die nächtliche Einstallung, eine Forderung, die vielfach nicht machbar ist. Der E-Zaun bietet nur dann weitgehend Schutz, wenn er fachgerecht errichtet wird. In den traditionellen Wolfsgebieten Süd- und Südosteuropas sind auch Herdenschutzhunde noch weit verbreitet.

Die Größe der Wolfsrudel und somit auch ihre Gefährlichkeit für Weidetiere werden vom Vorkommen und der Größe der wichtigsten Beutetiere bestimmt. Während in Ost- und Nordeuropa auch der Elch erbeutet wird, ernährt sich der Wolf in Mitteleuropa von deutlich schwächerem Wild. Von den Weidetieren fallen ihm hauptsächlich Schafe zum Opfer, eher selten auch Fohlen und Rinderkälber. Daher kommt es auch nicht zur Bildung größerer Rudel. Meist besteht ein solches nur aus den beiden Altwölfen und ihrem noch nicht adulten Nachwuchs.

In Slowenien haben sich als Schutz vor Bären- und Wolfsangriffen auf Weidetiere E-Zäune folgender Bauarten bewährt:

- E-Zaun mit Draht oder Litzen: 5 Drähte/Litzen in 20, 40, 60, 90 und 120 cm Höhe, mindestens 5.000 V.
- E-Netzzaun: Mindesthöhe 110 cm; vorzugsweise mit verstärkten Vertikalstreben zur Erhöhung der Stabilität und Sichtbarkeit. Als Schutz vor Überspringen kann noch eine nicht stromführende Litze über dem Zaun gespannt werden.

Für kleinräumigen Einsatz (Hobbyhalter) finden auch elektrische Festzäune (Maschendraht) in einer Mindesthöhe 120 cm, besser 140 cm, und mit Untergrabeschutz oder ein Wildgatterzaun mit Untergrabeschutz Verwendung.

Schäden durch den Goldschakal

Ein Zuwanderer, der in Österreich vereinzelt bereits reproduziert, ist der Goldschakal. Im Gegensatz zum Wolf jagt er meist einzeln und richtet unter Haus- und Weidetieren kaum Schäden an. Selten reißt er Beute über Feldhasengröße.

Gelegentlich werden Goldschakale an toten Lämmern gesehen. Mehrheitlich handelt es sich dann um totgeborene oder nach der Geburt verendete Lämmer.

Wird ein Tier von einem anderen gefressen, finden sich selbstverständlich Biss-

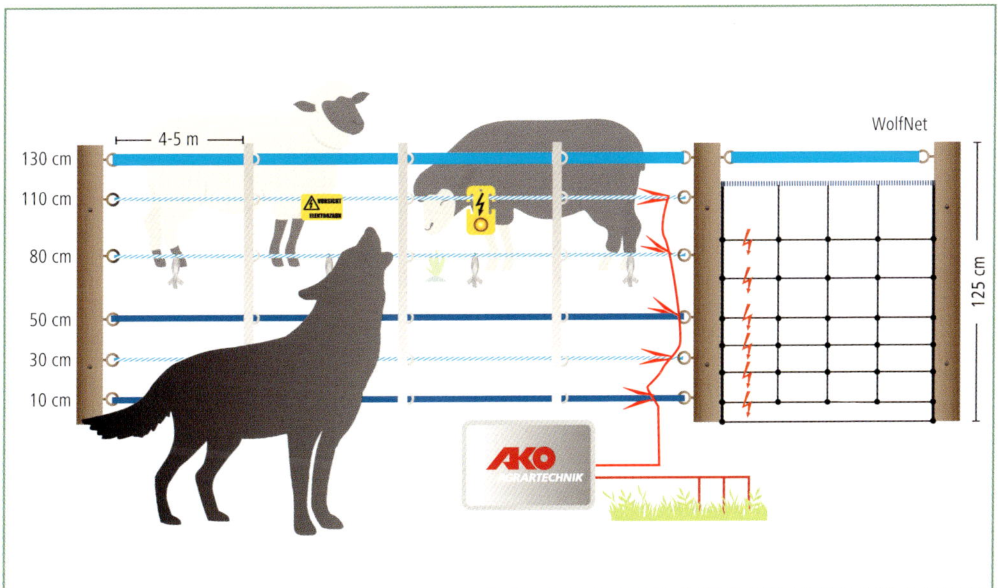

Der Wolf ist in Deutschland zurück und der Bär in Österreich. Viele zum Schutze von Weidetieren errichtete E-Zäune entsprechen nicht den notwendigen Anforderungen. Die Firma Kerbel GmbH in Wangen im Allgäu hat eine sehr informative Broschüre zum Thema Wildschaden aufgelegt, aus der wir diese Grafik entnehmen durften.

wunden. An diesen entstehen jedoch keine Blutergüsse. Solche entstehen nur, wenn die Gewalteinwirkung erfolgte, als das Tier noch lebte. Folglich ist relativ einfach festzustellen, ob beispielsweise ein Lamm von einem anderen Tier getötet wurde oder durch Schwäche oder Krankheit starb.

Natürlich können Goldschakale auch an toten Weidetieren jeder Größe angetroffen werden, die starke Bissverletzungen und Blutergüsse aufweisen. Der oder die Täter können aber auch Wölfe oder wildernde Hunde gewesen sein.

Schäden durch den Luchs

In Mitteleuropa erbeutet der Luchs vor allem Rehe, in alpinen Gebieten können Gams überwiegen. Nur vereinzelt wagt er sich an Rotwild, wobei es sich fast ausschließlich um Kälber und Jährlinge handelt.

Während Bär, Wolf, Schakal, Fuchs und Hund Haus- und Weidetiere gelegentlich auch im Nahbereich menschlicher Behausungen erbeuten, scheut der Luchs diese. Verluste an Weidetieren durch den Luchs – fast ausschließlich Schafe – entstehen auf im Wald oder in unmittelbarer Waldnähe gelegenen Weiden.

Luchse dringen gelegentlich in sogenannte „Fleischproduktionsgatter“ ein. In solchen werden mehrheitlich Rot- und/oder Damwild gehalten. Diese Form der landwirtschaftlichen Fleischerzeugung erfolgt zwangsweise hinter fast immer 2 m hohen Zäunen aus Knotengitter oder Maschengeflecht. Für Wölfe sind diese unüberwindbar, während sie der Luchs mühelos überklettert. Einen ziemlich sicheren Schutz bietet jedoch ein stromführender Draht (E-Zaun) im obersten Abschnitt des Zauns. Mitunter gelingt es dem Luchs auch von einem benachbarten Baum aus in ein Gatter einzuspringen. Darauf sollte der Gatterbetreiber achten.

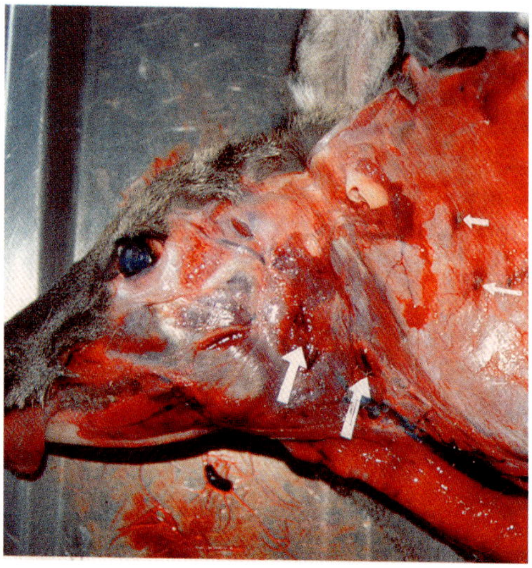

Schafe oder Wildtiere, die vom Luchs gerissen werden, zeigen nur wenige Hämatome und feine von den Fangzähnen hinterlassene Einstichstellen im Kehl- oder Kopfbereich. Zusätzlich sind auf der Haut gelegentlich Kratzspuren von den Krallen des Luchses zu finden.

Im Gegensatz zu Bär, Wolf und Hund kann der Luchs schwere Beute nicht wegtragen und sein Magen hat ein eher bescheidenes Fassungsvermögen. Ist seine Beute nicht zu schwer, zerrt er sie in eine nahe Deckung und bedeckt sie mit am Ort vorkommenden Material wie Laub, Moos oder Reisig. Ansonsten bedeckt er sie an Ort und Stelle. Im Winter bedeckt er sie häufig einfach mit Schnee. Er kehrt aber – sofern er nicht gestört wird – so lange zu seinem Riss zurück, bis er dessen Muskelfleisch restlos verwertet hat.

Allerdings werden vom Luchs gerissene Tiere häufig von anderen Fleischfressern wie Bär, Wolf, Schakal, Fuchs, Dachs, Marder und dem heute fast allgegenwärtigen Schwarzwild genutzt. Überdies partizipieren eine ganze Reihe Vögel an den Luchsrissen, allen voran Steinadler und Kolkraben. Es bleibt dann fast nichts zurück. An Rissen, die nur vom Luchs genutzt werden, bleiben die Knochen sowie das Fell (die Decke) zurück.

Mitunter werden auf Weiden Lämmer gefunden, denen der Kopf fehlt. Den hat typischerweise nicht der Luchs, sondern der Fuchs abgetrennt. Ob ein solches Lamm ohne Gewalteinwirkung verendete oder getötet wurde, lässt sich ohne weitere Untersuchung nicht sagen.

Schäden durch den Fuchs

Füchse sind kaum in der Lage, junges Weidevieh zu reißen. Einfach, weil Schafe wie Rinder ihre Lämmer und Kälber problemlos verteidigen. Andererseits sagt den Füchsen ihre feine Nase ziemlich zuverlässig, wenn irgendwo ein verendetes Jungtier liegt, das sie, wenn möglich, nutzen. So kommt es immer wieder zu Fehlinterpretationen, wenn Füchse an toten Lämmern oder neugeborenen Kälbern angetroffen werden. Gleiches trifft auf den Kolkraben zu.

Wer war der Täter?

Wer eine Entschädigung für von Raubwild gerissenes Weidevieh beantragt, muss dieses einem beauftragten Fachmann vorweisen. Dieser besichtigt den Kadaver und versucht Merkmale festzustellen, die auf einen Täter schließen lassen. Gleichwohl ist es gut, wenn auch der Geschädigte sich ein erstes Bild machen kann.

Tabelle 16

Wie erkenne ich den Verursacher?

Verursacher	Tötungsmerkmale	Öffnen des Beutetieres	Bevorzugte Nutzung	Besonderheiten
Braunbär 60–90 mm*	Meist Tötung durch mehrere Brantenhiebe im Bereich Kopf und Wirbelsäule. Im selben Bereich auch Bisse. Knochenbrüche, Muskelquetschungen und starke Blutungen.	Meist im Brust- und Bauchbereich. Häufig werden bereits geöffnete Beutetiere einfach zerrissen.	Innereien werden fast immer zuerst genutzt, dann das Muskelfleisch.	Fell und Knochen bleiben zurück und sind oft über eine größere Fläche verstreut. Manchmal wird Beute weggetragen.
Wolf 35–40 mm	Tötung kleiner und mittlerer Beutetiere durch Kehlbiss. Größere Beutetiere werden zunächst an den Hinterläufen gehalten. Verletzungen und Blutungen am ganzen Körper. Nasenbiss und Kehlbiss.	Mitunter wird Beute an mehreren Stellen geöffnet. Vorhandene Verletzungen werden zum Öffnen genutzt.	Innereien werden meist zuerst genutzt, dann das Muskelfleisch. Häufig fressen Wölfe vom Rücken her.	Teile der Beute werden mitunter in Sicherheit gebracht. Wenn Wölfe nicht gestört werden, bleiben nur das Skelett und Hautfetzen übrig.

Verursacher	Tötungsmerkmale	Öffnen des Beutetieres	Bevorzugte Nutzung	Besonderheiten
Luchs 30–34 mm	Tötung ab Rehgröße fast immer durch Kehlbiss, bei kleineren Tieren auch Nackenbiss. Einstichstelle von außen nicht immer sichtbar. Fast immer zahlreiche, von den Krallen verursachte Kratzspuren.	Öffnung meist an den Keulen, manchmal im Bereich der Rippen.	Luchse nutzen fast nur das Muskelfleisch sowie Herz, Lunge und Leber.	Beute wird verblendet und teilweise auch in Deckung geschleift. Selten werden die weicheren Teile der Rippen gefressen, um an die Organe im Brustkorb zu gelangen.
Hund 20–62 mm	Hunde töten Weidetiere meist nur bis Schafgröße. Sie beißen unkoordiniert – häufig hinten beginnend – zu. Fassen sie an der Kehle, versuchen sie ihre Beute totzuschütteln. Dabei entstehen im Hals- und Kopfbereich umfangreiche Blutungen.	Beute wird häufig vom Bauch her oder vom After her geöffnet.	Viele Hunde nutzen ihre Beute überhaupt nicht, selbst wenn sie diese öffnen. Andere nutzen bevorzugt die Muskulatur der Keulen und der Brust.	Hunde töten meist mehrere Tiere, auch wenn sie diese nicht fressen. Eine sichere Täterfeststellung ist oft nur über Kot oder Haare möglich. Ob Hunde zum Riss zurückkehren (Kamera), ist ungewiss.
Fuchs 19–28 mm	Füchse reißen keine Weidetiere, weil Lämmer und Kälber von den Muttertieren verteidigt werden. Sie fressen aber zuweilen verendete oder von anderen Prädatoren getötete Lämmer und Kälber.	Die Öffnung der Beutetiere erfolgt mehrheitlich vom Bauch her. Mitunter haben aber auch andere Prädatoren schon begonnen, ein Tier zu öffnen.	Bevorzugt werden die Organe der Brust- und Bauchhöhle gefressen, grundsätzlich aber auch die Muskulatur.	Typisch für den Fuchs ist, dass er größerer Beute den Kopf und/oder Extremitäten abschneidet und diese wegträgt.

Verursacher	Tötungsmerkmale	Öffnen des Beutetieres	Bevorzugte Nutzung	Besonderheiten
Schwarzwild	Wildschweine reißen keine Weidetiere, verwerten aber, wenn sie solche tot finden, deren Kadaver.		Wildschweine fressen alle Teile, einschließlich größerer Knochen.	
Steinadler	Adler fassen ihre Beutetiere mehrheitlich am Kopf. Dabei durchdringen ihre Krallen problemlos den Schädelknochen.	Geöffnet werden Beutetiere meist direkt hinter der Schulter.	Genutzt werden Innereien und Muskulatur.	Adler schlagen mitunter Lämmer. Halbwüchsige Schafe werden in seltenen Fällen in die Tiefe gestoßen, wenn sie sich in steiles Gelände vorwagen.
Kolkrabe	Kolkraben töten – wenn überhaupt – in erster Linie schwache, nicht überlebensfähige oder verunglückte Lämmer. Meist tun dies mehrere gemeinsam, in dem sie mit ihren kräftigen Schnäbeln auf Kopf und Augen des Opfers einschlagen.	Sie nutzen zum Öffnen ihrer Beute bevorzugt die vorhandenen natürlichen Körperöffnungen.	Genutzt werden alle Fleischteile, auch Nase und Zunge.	Beim Öffnen und Verzehr der Beute werden die Haare herausgerissen.

* Angegeben wurde immer der Abstand der Fangzähne (Eckzähne) zueinander. Dieser lässt sich auf der Innenseite des Felles meist deutlich erkennen.

Tabelle 17

Schäden großer Beutegreifer oder ganzjährig geschonter Arten entschädigt?

Bundesland	Schäden
Kärnten	Bei eindeutig nachgewiesenen Schäden, verursacht durch Bär, Wolf und Luchs, entschädigt die Versicherung der Kärntner Jägerschaft. Nicht eindeutig feststellbare Schäden, die eine Beteiligung der Großraubtiere durch eine festgestellte Häufigkeit und Nähe der Schäden in angrenzenden Gebieten mit hoher Wahrscheinlichkeit vermuten lassen, sowie nachfolgend festgestellte Tierverluste durch verspätet bzw. nicht aufgefundene Kadaver sowie versprengte, zum Teil zu Tode gestürzte Tiere, welche nicht gefunden werden, entschädigt die Naturschutzabteilung des Landes Kärnten auf dem Kulanzweg.
Niederösterreich	Jagdausübungsberechtigte ist verpflichtet, in seinem Jagdgebiet den an Grund und Boden, an den land- und forstwirtschaftlichen Kulturen oder anderen noch nicht eingebrachten Erzeugnissen ... nach den Vorschriften dieses Gesetzes zu ersetzen.
Oberösterreich	Von Bären verursachte Schäden werden über Versicherungen der jeweiligen Jägerschaft bezahlt. Schäden, die vom Wolf verursacht werden, werden nicht mehr abgegolten.
Salzburg	Für Schäden, die ganzjährig geschonte Beutegreifer oder Vögel durch das Töten von Haus- und Hoftieren oder Fischen verursachen, kann das Land als Träger von Privatrechten Ersatz leisten.
Steiermark	Von Bär und Luchs verursachte Schäden werden über Versicherungen der jeweiligen Jägerschaft bezahlt. Schäden, die vom Wolf verursacht werden, übernimmt die Versicherung des Amts der Steiermärkischen Landesregierung.
Tirol	Von Bär, Wolf oder Luchs verursachte Schäden übernimmt die Versicherung des Tiroler Jägerverbands. Für Zweifelsfälle existiert eine Kulanzregelung über einen Fonds des Amts der Tiroler Landesregierung.
Vorarlberg	Vom Wolf verursachte Schäden werden durch das Amt der Vorarlberger Landesregierung entschädigt.

SCHÄDEN AN BIENENSTÖCKEN

Immer der Bär

Wo der Bär vorkommt, verursacht er Schäden an Bienenstöcken. Das Problem dabei ist, dass es außerhalb der Bärenkerngebiete (die es momentan in Österreich nicht gibt) nur sporadisch zu Übergriffen kommt. Daher verzichtet die Mehrzahl der Imker auf Schutzmaßnahmen, selbst wenn das Land diese sponsert, wie dies in Kärnten der Fall ist; anders dort, wo der Bär relativ häufig vorkommt, wie etwa im Süden Sloweniens.

Wer aber seine Bienen draußen in der freien Landschaft stehen hat und diese nicht schützt, muss mit einem Besuch des Bären rechnen. Selbst wenn ihm das Land oder eine von der Jägerschaft abgeschlossene Versicherung den Schaden ersetzt, bleibt ein Problem: Der Bär hat schadlos Erfolg gehabt und wird weitermachen!

E-Zaun hilft

Das Einzäunen der Bienenhäuser oder der zur Sommerweide aufgestellten Stöcke mit irgendeinem Geflecht ist für den Bären kein Problem. Er überwindet mühelos jeden nicht stromführenden Zaun. Es muss also ein E-Zaun sein, der das kleine Areal völlig umschließt. Wichtig dabei ist, dass der unterste stromführende Draht nicht höher als 20 cm über der Erde angebracht wird. Der Zaun als solches muss mindestens 120 cm hoch sein, besser sind 150 cm. Bären sind intelligente Tiere, die schnell lernen, einen E-Zaun umzulegen, wenn die Pfosten, an denen die Isolatoren sitzen, deutlich höher sind als der oberste Isolator bzw. Draht. Sie drücken dann den Pfosten mit ihren Pranten einfach um.

Im Idealfall besteht der Zaun aus imprägnierten 8 bis 10 cm starken Pfosten und fünf breiten, weil auch in der Nacht auffälligen E-Litzen: Pfostenabstand maximal 2,5 m, Mindestspannung 5.000 Volt, an Stelle eines Erdungsstabes ein Erdungskabel verlegen.

Imkerei mitten in den großen Wäldern von Kočevje (Slowenien), im dichtesten Bärenvorkommen Europas: als Schutz ein Zaun aus eichenen Vierkantpfosten und sechs stromführenden Drähten, Energie aus einem Solargerät.

SCHÄDEN IN DER FISCHEREI

TEICHWIRTSCHAFT

Grundsätzlich

Mehrheitlich sind Schäden in der Teichwirtschaft durch Kormorane, Reiher oder Fischotter nicht ersatzpflichtig.

Schäden durch den Kormoran

Der Kormoran ist eher an Fließgewässern anzutreffen und lässt sich von kleineren Teichen relativ leicht vertreiben. Schwieriger ist das an Großteichen, wie sie in Teilen Deutschlands sowie besonders im Burgenland, in Nieder- und Oberösterreich zu finden sind. Der Abschuss einzelner Kormorane führt – wenn überhaupt – meist nur vorübergehend zum Erfolg. Es scheint eher der simple Schussknall zu sein, der die überlebenden Vögel kurzzeitig vertreibt, nicht die Tatsache, dass einer von ihnen starb. Daher bringt eine variantenreiche akustische Vergrämung mehr als ein Abschuss.

Wenig beachtet wird, dass Kormorane Frühaufsteher sind, die bereits in der Morgendämmerung gemeinsam zur Jagd aufbrechen. Ein Rundgang oder eine Rundfahrt um das Gewässer bei Arbeitsbeginn bringt nicht viel. Eine Vergrämung muss schon beim ersten Licht einsetzen, damit die Vögel gleich weiterziehen. Meist hat man dann für den Rest des Tages Ruhe.

Wie bei vielen Wildtieren sind optische und akustische Abwehrmaßnahmen nur für kurze Zeit wirksam. Die Kombination von zwei oder mehr Abwehrtechniken verspricht deutlich bessere Wirkung. Wo es der Abstand zu Wohnsiedlungen oder einzelnen Gehöften zulässt, empfiehlt sich der Einsatz einer Purivox (siehe Seite 55), in Verbindung mit einer simplen Vogelscheuche. Allerdings sollte die Positionierung von Knallapparat und Scheuche alle paar Tage gewechselt werden. Ein Vorteil der Purivox ist, dass Zeit und Intervall der Schüsse eingestellt werden können.

Schäden durch den Graureiher

Reiher sind Vögel, die auf dem Anstand jagen. Das Wasser darf – wenn der Reiher im Wasser lauert – nicht tiefer als 15 cm, maximal 20 cm sein. Gerne benutzt er auch kleine „Podeste“ in Form von flach über dem Wasser wachsenden Baumstämmen. Vom Ufer oder von Ablassmönchen aus hat er nur Erfolg, wenn der Wasserspiegel nicht mehr als maximal 60 cm tiefer liegt. Kleinere Zuchtteiche sollten als „Kastenteiche“ mit Beton- oder Holzrahmen angelegt werden. Beträgt der Abstand von der Rahmenoberkante zum Wasserspiegel mindestens

50 cm und die Wassertiefe nicht weniger als 60 cm, kann der Reiher nicht mehr fischen. Bei flach auslaufenden Ufern werden die Flachwasserbereiche am einfachsten mit dünnen Drähten oder Netzen im Abstand von nicht mehr als 50 cm überspannt.

Große Naturteiche lassen sich hingegen kaum frei von Reihern halten. Auch die systematische Vertreibung mit Scheuchen oder Schreckschüssen zeigt nur mäßige Wirkung und hält meist nur wenige Tage vor. Dann haben die aufmerksamen Reiher die Sache durchschaut. Sie jagen dann bevorzugt außerhalb der menschlichen Arbeitszeiten, also auch in hellen Nächten.

Bei steilufrigen und tiefen Teichen bieten Schilfsäume einen guten Schutz.

Schäden durch den Fischadler

Teichwirte – vor allem Karpfenzüchter im nördlichen Österreich, in Nordostbayern und in der ehemaligen DDR – klagen gelegentlich über Besuche des Fischadlers. Dieser erscheint regelmäßig auf dem Zug, doch scheinen einzelne, vermutlich jüngere und noch nicht brütende Exemplare auch den Sommer in unseren Breiten zu verbringen. Fischadler schlagen ihre Beute im Stoßflug, wobei sie dicht unter der Wasseroberfläche schwimmende Fische greifen, gelegentlich aber auch ganz untertauchen. Sie haben sich auf relativ schwere Fische spezialisiert (K 2 aufwärts). Hat sich der Adler verschätzt und kann er den gefangenen Fisch nicht vom Wasser abheben oder wird er ihm beim Tragen in der Luft zu schwer, lässt er ihn wieder los.

Alles in allem sind die durch Fischadler angerichteten Schäden für die Teichwirte jedoch verkraft- und zumutbar. Fischadler sind überdies relativ scheue Vögel, die auf Störungen empfindlich reagieren.

Drahtbespannung über einem Fischteich, mit der Eisvogel und Reiher abgehalten werden sollen.

Schäden durch den Otter

Otter sind für viele Teichwirte überall dort ein echtes Problem, wo sich die Teichanlagen nicht sauber mit einem elektrischen, die Anlage umfassenden E-Zaun schützen lassen. Bei allen größeren Anlagen stellt sich das Problem, die Zauntrasse bewuchsfrei zu halten, um Spannungsabfall zu vermeiden. Auch die Zäunung mit einem Drahtgeflecht ist oft schwierig, weil es den Ottern mitunter gelingt, über den Wasserzulauf in die Anlage einzudringen. Bei kleineren Gerinnen helfen Gitter aus Eisenstäben. Allerdings setzen sich diese bei Starkregen oft sehr schnell mit Schwemmmaterial zu. Wertlos sind E-Zäune bei Schneelage.

Die Landwirtschaftskammer Niedersachsen hat die nachfolgend abgedruckten sehr nützlichen Empfehlungen zur Einzäunung von Fischhaltungsanlagen zum Schutz vor Fischotterschäden herausgegeben.

E-Zaun um Fischteich.

Drahtzaun um Fischteich.

Holzzaun als Schutz vor dem Fischotter.

Tabelle 18

Zauntypen, die den Fischotter abhalten

Variante A Fester Zaun	Installation (fest)	Hinweise
Material (Metallzaun)	Maschendraht empfohlen, optimal 4 x 4 cm Masche (max. 6 x 6 cm Masche), starke Drähte bzw. stabile Ausfertigung (Drahtstärke mindestens 2,8 mm/korrosiongeschützt, verzinkt) Feste Stabmattenzäune (Stabmatten/Schweißgitter) Mattenquadrate max. 5 x 20 cm Empfohlene Mindestzaunhöhe 50–70 cm über Boden (zzgl. Untergrabeschutz ca. 30 cm) Verwitterungsbeständige Zaunpfosten verwenden/Zaunecken besonders stabilisieren Zusätzlich mindestens eine Elektrolitze als Überkletterschutz (Erdung sicherstellen)	Klärung, ob Genehmigungs- oder Anzeigepflicht besteht (Bau-, Wasser-, Naturschutzrecht) Impulsenergie dem Gelände bzw. der Zaunlänge anpassen. Ausreichender Sicherheitsabstand bzw. ausreichende Isolierung zum Wasserkörper gewährleisten. Spannungsgerät, Netzgerät (bei vorhandenem Stromanschluss) oder Batterie-, Akkugerät bei dezentraler Lage
Aufbau	Eingrabung in den Boden 30 cm als Untergrabeschutz (alternativ Streifenfundament oder Platten 30 cm tief einlassen). Beidseitige Zaunpflege- und Kontrollstreifen einplanen.	Kombination mit anderen Schutzmaßnahmen (z. B. Netzüberspannung/Einhausungen) prüfen.
Wartung	Regelmäßige Kontrolle: Dichtigkeit Rückschnitt von Pflanzenaufwuchs Bodenschlusskontrolle und/oder Bodensicherheit: Elektrolitzen-Funktionskontrolle	Arbeitsweg planen, Art der Wartung und Pflege bei Planung frühzeitig berücksichtigen.
Vorteile	Nach derzeitigem Kenntnisstand wirksamste Schutzmethode Reduzierter Kontroll- und Wartungsaufwand	Schwachstellen: Wasserläufe, Wege, Rohre ebenfalls sichern.
Nachteile	Hohe Anschaffungskosten In schwierigem, strukturreichem Gelände nur schwer/aufwändig zu installieren.	Investitionsförderung prüfen.

Variante B Elektrozaunanlage mit Kunststoffmaschennetz	Installation (mobil)	Hinweise
Material (Kunststoffnetz/Metalldraht)	Elektrozaun aus Kunststoff-Maschengeflecht, wird über Isolatoren auf Kunststoff-, Holz- oder Metallsteher gespannt. Maschenweite: untere bodennahe Maschen nicht größer als 8 x 5 cm; durchgehend weiter nicht über 10 x 10 cm Mindestzaunhöhe: 50–70 cm Spannungsgerät, Netzgerät (bei vorhandenem Stromanschluss) oder Batterie-, Akkugerät bei dezentraler Lage Impulsenergie dem Gelände bzw. der Zaunlänge angepasst planen.	Klärung, ob Genehmigungs- oder Anzeigepflicht besteht (Bau-, Wasser-, Naturschutzrecht) Handelsüblich werden „Kaninchen-/Katzennetze“ sowie „Geflügelnetze“ im technisch empfohlenen Format angeboten (zzgl. Verbissschutzdraht in der unteren Bodenschnur empfohlen)
Aufbau	Bodenschluss wichtig, damit Fischotter nicht unter dem Netz eindringen können. Amphibienschutz während Amphibienwanderzeiten sicherstellen (Elektro-Bodenschluss anheben auf 10 cm) Stromfluss/Spannung dauerhaft sicherstellen Spannungsverluste unterbinden/ eventuell 2. Batterie/Akku zusätzlich (Wintersicherheit)	Mobile Installation möglich (Zuwegung und Arbeitsvorgänge frühzeitig einplanen) Schwieriges Gelände: Kombination mit festen Zaunelementen und Toren möglich (Stromüberbrückung sicherstellen). Ein ausreichender Sicherheitsabstand bzw. eine ausreichende Isolierung zum Wasserkörper sind zu gewährleisten.
Wartung	Regelmäßige Kontrolle: Elektro-Impuls Dichtigkeit Rückschnitt von Grasnarbe und ständige Verhinderung des Aufwuchses an stromführende Zaunbereiche	Arbeitswege planen, Art der Wartung- und Pflege bei Planung berücksichtigen. Abdeckung der Vegetation auf Flächen (Streifen) unterhalb des Zaunes mit schmalen Kunststoffbahnen (maximal 80 cm) zur Behinderung des Aufwuchses (Problem: Wühltätigkeit durch Kleinnager)

Vorteile	Mobile Handhabung und Installation möglich Geringere Gestehungskosten als Festzaun	Außerhalb der Vegetation (z. B. Winterungen) zum Schutz gut geeignet
Nachteile	Sehr aufwändige Wartungsarbeiten während Sommerbetrieb/Vegetationswachstum Regelmäßiger Batterietausch (besonders Winter) Winter: Schneemassen können den Zaun niederdrücken und die Stärke des Elektroimpulses kann abfallen.	Saisonale Amphibienwanderungen müssen beachtet werden. Winterfunktionsfähigkeit nach Schneefall beeinträchtigt
Variante C **Elektrozaunanlage mit stromführenden Drähten/Litzen**	**Installation (mobil)**	**Hinweise**
Material Metalldraht/ Elektrolitze	Elektrozaundrähte werden über Isolatoren auf Kunststoff-, Metall- oder Holzsteher (Pfähle) gespannt Mindesthöhe: 40–50 cm/mindestens 3–4 Litzen Abstand der Litzen: maximal 10 cm Spannungsgerät: Netzgerät (bei vorhandenem Stromanschluss) oder Batteriegerät bei dezentraler Lage	Klärung, ob Genehmigungs- oder Anzeigepflicht besteht (Bau-, Wasser-, Naturschutzrecht)
Aufbau	Bodenunebenheiten beseitigen, damit Otter nicht unten durch eindringen können. Unterste Litze: max. 10 cm über dem Boden Stromfluss/Spannung dauerhaft sicherstellen (Spannungsverluste unterbinden). Impulsenergie dem Gelände bzw. der Zaunlänge angepasst planen.	Mobile Installation möglich (Zuwegung und Arbeitsvorgänge frühzeitig einplanen) Schwieriges Gelände: Kombination mit festen Zaunelementen und Toren möglich (Stromüberbrückung sicherstellen) Ein ausreichender Sicherheitsabstand bzw. eine ausreichende Isolierung zum Wasserkörper sind zu gewährleisten.

Variante C Elektrozaunanlage mit stromführenden Drähten/Litzen	Installation (mobil)	Hinweise
Wartung	Regelmäßige Kontrolle: Elektro-Impuls Durchgängigkeit der Litzen Rückschnitt von Grasnarbe und ständige Verhinderung des Aufwuchses an stromführende Zaunbereiche Bodenschlusskontrolle und/oder Bodensicherheit/Dammsicherheit Schadtierbefall unter Folien prüfen Pflege mit Motorsense/Fadenmäher, regelmäßig Mäheinsatz	Arbeitswege planen. Art der Wartung und Pflege bei Planung frühzeitig berücksichtigen. Abdeckung der Vegetation auf Flächen (Streifen) unterhalb des Zaunes mit schmalen Kunststoffbahnen (maximal 80 cm) zur Behinderung des Aufwuchses (Problem: Wühltätigkeit durch Kleinnager)
Vorteile	Mobile Handhabung und Installation möglich Pflegeaufwand gegenüber Elektro-Netzzaun etwas geringer Geringere Gestehungskosten als Festzaun und Elektro-Netzzaun	Außerhalb der Vegetation (z. B. Winterungen) zum Schutz geeignet
Nachteile	Sehr aufwändige Wartungsarbeiten: Regelmäßiger Batterietausch bei dezentraler Lage Winter: Schneemassen/Raureif kann Zaun niederdrücken und E-Impuls kann massiv abfallen/Wirksamkeit fraglich	Bei unebenen Bodenstrukturen eingeschränkt wirksam

SCHÄDEN AN GRUNDSTÜCKEN, GEBÄUDEN UND SACHEN

GRABTÄTIGKEIT

Murmeltiere

Mehr der Vollständigkeit halber seien Grabschäden durch Murmeltiere erwähnt. Sie verursachen im Gebirge mitunter sehr ärgerliche Schäden durch ihre Grabtätigkeit. Baue werden nämlich auch unter Alm- und Viehhütten oder Wildfütterungen angelegt. Bei solchen Baulichkeiten liegen die Bodenträger häufig auf Steinpodesten auf. Graben sich die Murmel unter diesen durch, kann die Hütte an dieser Stelle absacken. Manchmal scheint es, als würden derartige Steinfundamente oder Podeste von den Murmeltieren als Felsbrocken angesehen. Auf Weideflächen ist das Vieh gefährdet. Es bricht in die Baue ein, was mitunter zu Beinbrüchen und in der Folge zu Notschlachtungen führt. Vor allem im bayerischen Alpenraum, wo die Murmeltiere seit vielen Jahrzehnten nicht mehr bejagt werden dürfen, kommt es auch zu Unfällen mit Traktoren, wenn diese auf einem untergrabenen Almweg einbrechen. Das ist für den Bauern besonders ärgerlich, denn es handelt sich nicht um einen ersatzpflichtigen Wildschaden, und der Bauer bleibt auf seinen Kosten sitzen.

Murmeltierbau unter einem Almstadel.

Dachse

Wo die Dachsdichte hoch und/oder grabfähige, halbwegs trockene Standorte im Wald rar sind, kann es zu ärgerlichen Schäden durch die Anlage neuer Baue im Grünland kommen. Meist handelt es sich um Notbaue, die von Jungdachsen im zweiten Lebensjahr gegraben werden. Das ist die Zeit, in der sie die elterlichen Baue verlassen und sich einen eigenen suchen oder graben müssen. Bevorzugt graben sie in Hanglagen, was ihnen den Auswurf des Erdmaterials erleichtert. Dieses Auswurfmaterial behindert den Landwirt bei Pflege- und Mäharbeiten.

Teilweise geben die Dachse solche Baue auch wieder auf, wenn sie einen anderen Bau im Wald in Besitz nehmen können. Bleibt der Notbau in der Wiese offen, findet sich meist bald ein neuer Bewohner.

Dachse sind mitunter recht „sture" Tiere, die einen Bau auch bei massiver Störung nicht unbedingt aufgeben. Der Verfasser hat mehrfach erlebt, dass Landwirte die Röhren meist mit Steinen und Erdmaterial wieder schlossen, was keineswegs immer half. Mitunter schien es den oder die Bewohner sogar zu neuer, intensiver Grabtätigkeit anzuregen.

Der Verfasser verstänkerte einen derartigen mehrfach zugeschütteten und vom Dachs immer wieder aktivierten Wiesenbau mit in Kornitol getränkten Lappen, was jedoch keine Wirkung zeigte!

Ein Landwirt kam mit seinem Güllefass und setzte den Bau – ebenfalls ohne nachhaltigen Erfolg – unter Wasser. Ein anderer Bauer ließ (selbstverständlich verboten!) an Stelle des Wassers Gülle einlaufen. Auch das zeigte ebenso wenig dauerhafte Wirkung wie die in den 1970er Jahren bei uns alljährlich von der zuständigen Behörde angeordnete Begasung.

Einen zumindest vorübergehenden Erfolg von ein bis zwei Jahren hatte der gezielte Abschuss, allerdings fehlt es hierzu dem Jäger vielfach an der notwendigen Zeit. Der alte Spruch, „Wer den Bau hat, hat den Dachs", gilt nur unter der Voraussetzung ausreichender Zeit. Mitunter sitzt man eine ganze Woche und länger, ehe der Dachs bei Licht erscheint. Da Dachse im Bau die Geselligkeit lieben, muss man auch nach dem ersten Abschuss hartnäckig bleiben. Früher wurden derartige Fälle relativ einfach mit dem Tellereisen erledigt, das ist jedoch inzwischen im gesamten deutschsprachigen Raum verboten.

Dachsschäden sind in Deutschland in der Regel nicht ersatzpflichtig, wohl aber in den meisten österreichischen Bundesländern. Allerdings werden nur die Schäden an Grund und Boden sowie an Bodenerzeugnissen ersetzt, nicht die in deren Folge entstandenen Maschinenschäden.

Schäden durch Wildkaninchen

Wildkaninchen graben ihre Baue gerne in trockenen Viehweiden, wobei es fast immer zur Anlage ganzer Kolonien kommt. Vom Geschädigten kann die Wiederherstellung des Ausgangszustandes in Rechnung gestellt werden, nicht aber Schäden, die durch Einbrechen am Vieh entstehen (Tierarzt, Notschlachtung).

Auf Friedhöfen graben Kaninchen ihre Baue gerne unter Grabsteinen und Grabplatten. Dort ist es trocken und im Winter meist frostfrei. Auf den Gräbern wächst überdies jede Menge Nahrung, welche die Reproduktion der Tiere ankurbelt. Die auf Friedhöfen entstehenden Schäden sind nicht nur teuer, sondern auch gefährlich, da Grabmale umstürzen können. Ersatzpflichtig sind diese Schäden jedoch nicht, da die Jagd auf Friedhöfen überall ruht.

Auch im urbanen Raum können Wildkaninchen unangenehm auffallen. Sie legen ihre Baue oft in unmittelbarer Hausnähe an, was für die Tiere vorteilhaft ist. Dicht an Hauswänden, unter weit überstehenden Dächern, ist es im Boden trocken. Die angrenzenden Grünflächen hingegen werden in der Regel gepflegt und bei Trockenheit bewässert. Nicht selten werden die Kaninchen von Anwohnern auch noch mit Karotten oder Heimtiernahrung gefüttert. Häufig werden die zu den Eingängen der Häuser führenden asphaltierten oder mit Platten belegten Wege unterhöhlt. Dies führt meistens zu Einbrüchen der Bodendecke. Personen können dabei ganz erheblich zu Schaden kommen.

Auch im Siedlungsgebiet ruht die Jagd und Schäden sind vom Jäger nicht zu ersetzen. Selbst die Bejagung ist dem Jäger an diesen Örtlichkeiten nicht immer gestattet. Schießen darf und kann er in der Regel ohnehin nicht. Bleibt der Fang mit Lebendfallen oder das Frettieren unter Verwendung von Sprengnetzen und vereinzelt die Beizjagd mit dem Habicht. Mit chemischen Mitteln lassen sich die Kaninchen nicht dauerhaft vertreiben. Teilweise gestatten die Jagdgesetze auch die Selbsthilfe durch den Grundeigentümer oder Nutzungsberechtigten. Betroffene müssen sich über die jeweilige Rechtslage informieren, ehe sie Handlungen setzen (siehe Tabelle 15).

Schäden durch Biber, Nutria und Bisam

Die klassische Biberburg liegt zwar im Wasser, hat einen Einstieg unter der Wasseroberfläche und einen Kessel im wasserfreien Obergeschoss, doch graben Biber ihre Burgen – vor allem in schneller fließenden Gewässern – auch in die Uferböschung.

Kaninchenbaue unter einem Plattenweg vor Wohnblocks. Da es sich um einen befriedeten Bezirk handelt, sind derartige Schäden nicht ersatzpflichtig.

Ein Metallrohr, das in einen Drahtkorb mündet, verhindert, dass der Biber den Wasserstand erhöht.

Teilweise werden die Ufer dadurch instabil. Werden sie auch befahren, können Fahrzeuge einbrechen.

Fällen Biber Bäume in unmittelbarer Nähe von Baulichkeiten oder neben Verkehrswegen, kann es zu kritischen Situationen kommen. Diese Gefahr wächst mit dem Eindringen der Biber in die Städte, wie es seit Jahren im Bereich der Donau und an vielen anderen Orten zu beobachten ist. Durch das Fehlen tierischer Feinde und nachhaltiger Bejagung haben Biber vor dem Menschen und seiner technischen Welt nahezu jede Scheu verloren. Hier helfen zuverlässig zumindest meterhohe Drahtmanschetten, die um die Bäume gelegt werden. Biber nagen auf ihren Hinterextremitäten sitzend. Sind die Drahtmanschetten zu niedrig, nagen sie oberhalb.

Gelegentlich werden Biber auch an den Dämmen von Klärbecken aktiv. Noch unoder nur vorgeklärte Wassermengen geraten dann ins Umland, wo sie versickern und eventuell ins Grundwasser eindringen oder aber in die Vorfluter. Auch hier bietet lediglich das Einbauen von Stahlgittern dauerhaften Schutz.

Biber können auch die Zuläufe von Teichanlagen aufstauen, wodurch der Wasserzufluss vorübergehend deutlich absinkt und mit ihm die Sauerstoffzufuhr. Besonders prekär ist das im Sommer oder Herbst bei ohnehin niedrigen Zulaufmengen. Werden solche Baumaßnahmen nicht rechtzeitig bemerkt und beseitigt, kann es bei Salmoniden zu erheblichen Ausfällen kommen.

Nutrias sind im subtropischen Südamerika beheimatet und kamen erst 1926 als Farmtiere nach Deutschland. Bereits 10 Jahre später gelang den ersten Tieren der Weg in die Freiheit. Halten konnten sie sich zunächst nur in wintermilden Gebieten (Wein-

Nutrias sind Profiteure der Klimaerwärmung und Kulturfolger, die sich rasch an den Menschen gewöhnen. Sie sind etwas kleiner als Biber, haben runde Schwänze und bauen keine Dämme und Burgen.

Bisam bauen im Wasser Burgen, die jenen der Biber ähneln, graben aber auch Höhlen in die Uferböschungen, deren Eingänge bei Normalwasser unterhalb des Wasserspiegels liegen. Im Gegensatz dazu graben Nutrias ihre Baue immer oberhalb des Wasserspiegels.

bauklima). Dort kam es in der Folge auch zur Gründung von Kolonien, doch erloschen viele in strengen Wintern wieder. Es war die schleichende Klimaerwärmung, die ihnen half. Heute steigt die Zahl der Nutriavorkommen im deutschsprachigen Raum. Sollte sich der inzwischen abzeichnende Temperaturanstieg fortsetzen, könnte sich das auf die weitere Ausbreitung der Nutrias positiv auswirken.

Bisam werden durch ihre Wühltätigkeit in Teichanlagen und Deichen zum Problem. Das führte in Westdeutschland nach dem 2. Weltkrieg dazu, dass von den Pflanzenschutzämtern hauptberufliche Bisamfänger angestellt wurden. Daneben gab es eine große Zahl ehrenamtlicher Fänger. Die weitere Ausbreitung der vermehrungsfreudigen Nager konnte dennoch nicht gestoppt werden. Erfolge wurden immer nur lokal und kurzfristig erreicht. Inzwischen werden freiwerdende Planstellen der Bisamfänger nicht mehr besetzt.

In Österreich fingen und schossen die Jäger Bisam. Prinzipiell ist dort, wo der Bisam nicht zum jagdbaren Wild gehört, der Grundeigentümer beziehungsweise der Nutzer für die Bisambekämpfung zuständig.

An dieser Stelle muss auf den Otter hingewiesen werden. Wo er jagt, gehen die Bisambestände fast immer drastisch zurück. Fischotterschutz ist folglich die beste Maßnahme gegen Bisamschäden!

SCHÄDEN AUF DACHBÖDEN UND GARAGEN

Steinmarder

Wirkliche Schäden verursachen Steinmarder an Gebäuden kaum, eher verursachen sie bei Menschen Ärgernisse. Die meisten Klagen erreichen den Jäger wegen Lärmbelästigung, einfach, weil es bei den Mardern zuweilen laut zugeht und das zu nachtschlafender Zeit. Gar nicht selten sollte man den von ihnen verursachten Lärm sogar positiv sehen. Es ist manchmal nur das Gepolter auf Dachböden und gelegentlich auch in Zwischendecken, dann nämlich, wenn Steinmarder Jagd auf Kleinnager machen. Ängstliche Gemüter – beispielsweise Feriengäste in Pensionen – drohen dann schon einmal mit Abreise. Hausbesitzer sollten das Treiben der Marder eher gelassen sehen, besonders dann, wenn sich unter ihrem Dach auch noch Siebenschläfer wohlfühlen. Niemand vertreibt diese so nachhaltig wie der Steinmarder!

Unbeliebt machen sich die Marder auf Dachböden gelegentlich durch ihre Losung (Kot), doch riecht diese keineswegs so penetrant wie Kot oder Urin von Hauskatzen.

Waschbär

Der Waschbär ist als ungefragter Mitbewohner oder Gebäudenutzer deutlich unangenehmer als der Marder. Waschbären sind nicht nur äußerst geschickte Kletterer, die selbst die Regenfallrohre und sogar Blitzableiter erfolgreich nutzen, um in Dachgeschosse zu kommen. Sie sind auch im Sinne des Wortes Handwerker, die ihre Vorderpfoten äußerst geschickt einsetzen. Mit deren Hilfe gelingt es ihnen auch, in Zwischendecken zu gelangen und sich dort häuslich einzurichten.

Vielfach verschaffen sie sich aber auch recht simpel und bequem Zugang in Häuser, nämlich durch Katzenklappen. Sie sorgen zuweilen in Wohnhäusern, Gewerbegebäuden und Gartenhäusern für erhebliche Unordnung, bringen Zimmerdecken zum Einsturz und zerlegen Wärmedämmungen an Hauswänden. Besonders unangenehm sind die von den Waschbären innerhalb wie außerhalb von Gebäuden angelegten, penetrant stinkenden Latrinen.

Urbane Räume sind für Waschbären vor allem wegen des dort reichen Nahrungsangebotes interessant. Im Sommer bieten Gemüse- wie Ziergärten eine reiche Auswahl. Ganzjährig gibt es Komposthaufen, Abfalltonnen und vor allem frei zugängliches Katzen- und Hundefutter.

Die Abwehr der Waschbären ist schwierig, da sie nahezu jeden Zaun überklettern, von Bäumen aus auf Balkone und Dächer gelangen und auch ausgezeichnete Schwimmer sind. Grob verputzte Hauswände sind für sie ebenso wenig ein Problem wie halbmondförmige Blechmanschetten um Regenfallrohre, die einfach umklettert werden. Selbst verklinkerte Hauswände werden gemeistert, wenn nur die Fugen breit und tief genug sind. Inzwischen gibt es Unternehmen, die sich auf die Abwehr von Waschbären spezialisiert haben und teilweise mit speziell zur Abwehr dieser Tierart entwickelten E-Zäunen arbeiten. Was Waschbären nicht mögen und was außerhalb des Hauses oder eventuell auf Dachböden anwendbar ist, sind stark ammoniakhaltige Putzmittel und Mottenkugeln. Meist weichen sie aber nur aus, etwa vom Dachboden in tiefer liegende Zwischendecken oder von der Gartenlaube ins Wohnhaus ...

SCHÄDEN AN AUTOS

Steinmarder

Schäden an geparkten Autos durch Steinmarder sind fast an der Tagesordnung, in der Stadt ebenso wie im ländlichen Raum. Die Marder beißen gerne Kabel und Gummimanschetten an, was fatale Folgen haben kann. Warum Marder sich gerne im Motorraum aufhalten, ist nicht restlos geklärt. Es liegt aber nahe, dass sie vor allem in der kalten Jahreszeit die Wärme suchen, die unter der Motorhaube herrscht. Beim Verbeißen von Kunststoff und Gummi handelt es sich wohl um ein Markierverhalten. An neuen Autos entstehen kaum Schäden, denn sie riechen noch völlig neutral. Doch je älter ein Auto ist, umso größer ist die Wahrscheinlichkeit, dass der Motorraum schon von einem Marder aufgesucht wurde. Wird ein solches Auto plötzlich über Nacht im Revier eines anderen Marders abgestellt und von diesem entdeckt, ist die Wahrscheinlichkeit groß, dass er mit seinen Zähnen markiert.

Hierzu ein kleines Beispiel: Zehn Jahre stand unser „Waldauto" in der Nacht vorm Forsthaus, Garage gab es keine. Nie hat sich ein Marder an ihm vergriffen. Dann aber übernachteten wir einmal bei Freunden im Nachbardorf und prompt waren am anderen Morgen die Zündkabel durchgebissen.

Auch gegenwärtig parken wir unser Auto Nacht für Nacht in einem offenen Stadel und unser Hausmarder scheint es sehr zu mögen. Wir finden seine Sohlenabdrücke regelmäßig auf der Windschutzscheibe und die aufgestellte Wildkamera hat gezeigt, dass er die schräge Scheibe nutzt, um „Schlitten zu fahren", ähnlich wie dies Fischotter auf Schnee tun. Doch nur einmal in den letzten sieben Jahren hat ein Marder die unter der Motorhaube und außenseitig des Armaturenbrettes befestigten Isolierungen zerrupft. Es muss ein „Deutscher" gewesen sein, denn es passierte im Allgäu draußen. Es hätte selbstverständlich auch daheim in Kärnten passieren können, denn Marder leben nicht ewig. Wird ein Marder gefangen, überfahren oder kommt er anderweitig ums Leben, stellt sich sehr schnell ein Nachfolger ein. Dieser wird umgehend neu markieren.

In der Praxis schaut es so aus, dass der Jäger – wenn es Probleme mit „Automardern" gibt – von den Geschädigten aufgefordert wird zu helfen. Zuständig ist er in der Regel nicht, denn sowohl bei einer Garage als auch bei einem Hofraum handelt es sich um einen befriedeten Bezirk. Dies wird oft nicht verstanden und es wird dem Jäger unterstellt, er wolle einfach nicht helfen. Was aber passiert, wenn er den Marder fängt? Es stellt sich rasch ein Nachfolger ein, der zunächst mit seinem Gebiss markiert.

Prävention

Im Handel sind eine ganze Reihe Abwehrmittel erhältlich, die vor Marderschäden schützen sollen. Einige werden im Motorraum fix montiert und arbeiten mit elektrischen Impulsen, mit Ultraschall und/oder mit LED-Blitzen. Andere werden aufgesprüht und sollen so Marder abhalten.

Wir haben unserem Marder den Motorblock mit ganz einfachen Mittel vergällt: Das Einreiben der Schläuche mit Tabasco half, ebenso Imprägnierspray für Schuhe und andere Lederwaren.

Recht simpel, aber durchaus wirkungsvoll ist auch ein Stück Draht (Hasengitter), das leicht gewellt unter den Motorraum geschoben wird.

Drahtgeflecht, das unter den Motorblock des Autos gelegt wird, um Steinmarder abzuhalten.

ANHANG

BEFRIEDETE BEZIRKE UND RUHEN DER JAGD

DEUTSCHLAND (BJG) (BEFRIEDETE BEZIRKE)

Kein Ersatz für Wildschäden in befriedeten Bezirken. In Weinbergen, Gärten, Obstgärten, Baumschulen, Alleen, an einzelnstehenden Bäumen, in Forstkulturen, die durch Einbringen anderer als der im Jagdbezirk vorkommenden Hauptholzarten einer erhöhten Gefährdung ausgesetzt sind, und in Freilandpflanzungen von Garten- oder hochwertigen Handelsgewächsen.

Baden-Württemberg, JWmG § 13

Gebäude, die zum Aufenthalt von Menschen dienen, und Gebäude, die mit solchen Gebäuden räumlich zusammenhängen, Hofräume und Hausgärten, die unmittelbar an ein für den ständigen Aufenthalt von Menschen bestimmtes Wohngebäude angrenzen und durch irgendeine Umfriedung begrenzt oder sonst vollständig abgeschlossen sind, Friedhöfe.
Die untere Jagdbehörde kann durch Anordnung ganz oder teilweise zu befriedeten Bezirken erklären: öffentliche Anlagen und Grundflächen, die durch Einzäunung oder auf andere Weise gegen den Zutritt von Menschen abgeschlossen und deren Zugänge absperrbar sind, Grundflächen im Gebiet eines Bebauungsplanes oder innerhalb der im Zusammenhang bebauten Ortsteile, öffentliche Parke und Grünflächen, Bestattungswälder, Wildparke, Wildfarmen, Tiergärten und Tierparke, bewirtschaftete Anlagen der Teichwirtschaft und der Fischzucht, Gehege und ähnliche Einrichtungen nach § 34 des Landeswaldgesetzes sowie Tiergehege nach § 43 des Bundesnaturschutzgesetzes.

Bayern, BayJG Art. 6

Befriedete Bezirke sind: Gebäude, die zum Aufenthalt von Menschen dienen, und Gebäude, die mit solchen Gebäuden räumlich zusammenhängen, Hofräume und Hausgärten, die unmittelbar an eine Behausung im Sinn der Nummer 1 anschließen und durch eine Umfriedung begrenzt sind, sonstige überbaute Flächen im Geltungsbereich eines Bebauungsplans und Flächen innerhalb der im Zusammenhang bebauten Ortsteile, Friedhöfe, Tiergärten.
Darüber hinaus kann die Jagdbehörde für befriedet erklären: sonstige Flächen im Geltungsbereich eines Bebauungsplans ..., Grundflächen, die gegen das Ein- oder Auswechseln von Wild – ausgenommen Federwild, Wildkaninchen und Raubwild – und gegen unbefugten Zutritt von Menschen dauernd abgeschlossen und deren Eingänge absperrbar sind.

Berlin, LJagdG Bln § 5

Zu befriedeten Bezirken gehören: Gebäude, die dem Aufenthalt von Menschen dienen oder mit solchen Gebäuden räumlich zusammenhängen, Hofräume, Hausgärten und Parks, die unmittelbar an ein dem ständigen Aufenthalt von Menschen dienendes Wohnhaus angrenzen und durch eine Umfriedung begrenzt oder sonst abgeschlossen sind, Friedhöfe, Kleingärten, Wochenendgrundstücke, Fischzuchtanlagen, Spiel- und Sportplätze, Golfplätze, Straßen, Bahnanlagen, Flugplätze und vollständig eingefriedete Betriebsgelände, Wildgehege einschließlich Schaugehegen und öffentliche Grün- und Erholungsanlagen im Sinne des § 1 des Gesetzes zum Schutze der öffentlichen Grün- und Erholungsanlagen einschließlich der in diesen Anlagen gelegenen stehenden Gewässer im Sinne des § 1 Abs. 4 des Berliner Wassergesetzes mit den darin liegenden Inseln.
Darüber hinaus kann die Jagdbehörde Grundflächen, die gegen das Ein- und Auswechseln von Wild (ausgenommen Federwild, Wildkaninchen und Raubwild) dauernd abgeschlossen und deren Eingänge abgesperrt sind, ganz oder teilweise befrieden.

Brandenburg, BbgJagdG § 5

Befriedete Bezirke sind: Gebäude, die zum Aufenthalt von Menschen dienen, und Gebäude, die mit solchen Gebäuden räumlich zusammenhängen, Hofräume und Hausgärten, die unmittelbar an ein Gebäude im Sinne der Nummer 1 anschließen und durch eine Umfriedung begrenzt sind, Friedhöfe, Wildgehege, öffentliche Grün-, Sport- und Erholungsanlagen, Eisenbahnanlagen und Bundesautobahnen, Golfplätze, vollständig eingefriedete Betriebsgelände, Häfen, militärisch genutzte Flächen (mit Ausnahme von Truppen- und Standortübungsplätzen), sofern Betretungsverbot für bestimmte Personengruppen besteht und diese ganz oder teilweise durch eine Umfriedung begrenzt sind und ganzjährig oder saisonal genutzte Flugplätze.
Die untere Jagdbehörde kann auf Antrag des Eigentümers Grundflächen, die gegen das Ein- und Auswechseln von Wild (mit Ausnahme von Federwild, Wildkaninchen und Raubwild) dauernd abgeschlossen und deren Eingänge abgesperrt werden können, für befriedet erklären.

Bremen, LJagdG Art. 7

Befriedete Bezirke sind Gebäude, die zum Aufenthalt von Menschen bestimmt sind: Hofräume und Hausgärten, die an eine Behausung anschließen und durch eine Umfriedung begrenzt sind; Friedhöfe; Schaugehege und Sondergehege.
Die Jagdbehörde kann auf Antrag des Eigentümers oder Nutzungsberechtigten oder Amts wegen befrieden: vollständig abgeschlossene Grundflächen, die nicht aufgrund des Abs. 1 befriedet sind, sowie öffentliche Anlagen, Fischteiche und andere Anlagen zur Fischhaltung oder zur Fischzucht sowie sonstige stehende Gewässer einschließlich der darin gelegenen Inseln, Naturschutzgebiete.
Die untere Jagdbehörde kann auf Antrag des Eigentümers Grundflächen, die gegen das Ein- und Auswechseln von Wild (mit Ausnahme von Federwild, Wildkaninchen und Raubwild) dauernd abgeschlossen und deren Eingänge abgesperrt werden können, für befriedet erklären.

Hamburg, Hamburgisches Jagdgesetz § 2

Befriedete Bezirke sind: Gebäude, die zum Aufenthalt von Menschen dienen, und Baulichkeiten, die mit solchen Gebäuden räumlich zusammenhängen, sowie die angrenzenden Flächen bis zu 20 m Breite, Hofräume, Hausgärten und Parks, die unmittelbar an eine Behausung anstoßen und durch eine Umfriedung begrenzt oder sonst vollständig abgeschlossen sind, Friedhöfe, öffentliche Grün- und Erholungsanlagen, sonstige Grundflächen wie Naturschutzgebiete, Naturdenkmale und geschützte Landschaftsbestandteile sowie Anlagen, die durch die zuständige Behörde befriedet werden. Die zuständige Behörde kann solche Grundflächen, die durch Einzäunung oder auf andere Weise gegen den Zutritt von Menschen abgeschlossen und deren Eingänge sowie Einsprünge absperrbar sind, und Anlagen ganz oder teilweise befrieden.

Hessen, HJagdG § 5

Befriedete Bezirke sind: Gebäude, die zum Aufenthalt von Menschen dienen, und Gebäude, die mit solchen Gebäuden räumlich zusammenhängen, Hofräume und Hausgärten, die unmittelbar an ein Wohngebäude anstoßen und durch Umfriedung begrenzt oder sonst vollständig abgeschlossen sind, Kleingartenanlagen nach dem Bundeskleingartengesetz, eingefriedete Campingplätze, Friedhöfe und Wildgehege außer Jagdgehegen.
Die Jagdbehörde kann auf Antrag von Eigentümern oder Nutzungsberechtigten oder von Amts wegen befrieden: öffentliche Anlagen und Grundflächen, die durch Einzäunung oder auf andere Weise gegen den Zutritt von Menschen abgeschlossen und deren Eingänge und Einsprünge absperrbar sind, stehende Gewässer einschließlich der darin gelegenen Inseln.

Mecklenburg-Vorpommern, LJagdG M-V § 5

Befriedete Bezirke sind: Gebäude, die zum Aufenthalt von Menschen dienen, und Gebäude, die mit solchen Gebäuden räumlich zusammenhängen, Hofräume und Hausgärten, die unmittelbar an eine Behausung angrenzen und durch eine Umfriedung begrenzt oder sonst vollständig abgegrenzt sind, umzäunte landwirtschaftliche Betriebsstätten, Tiergehege, öffentliche Parkanlagen, Sportflugplätze sowie Sport- und Spielplätze, die mit bebauten Bereichen im Zusammenhang stehen, Friedhöfe sowie im Wald liegende, der Bestattung dienende Grundflächen (Waldfriedhöfe, Friedwälder, Ruheforsten), Autobahnen, Liegenschaften des Bundesministers der Verteidigung unter 75 Hektar, die durch eine Umfriedung oder amtliche Schilder begrenzt sind, Kleingärten.
Die Jagdbehörde kann auf Antrag des Eigentümers oder Nutzungsberechtigten oder von Amts wegen ganz oder teilweise zu befriedeten Bezirken erklären: öffentliche Anlagen sowie Grundflächen, die durch Einzäunung oder auf andere Weise gegen den Zutritt von Menschen abgeschlossen, deren Eingänge absperrbar sind und die keine Einsprünge haben, künstliche Fischteiche mit darin gelegenen Inseln und andere Wasserflächen ab 100 m von der Uferlinie.

Niedersachsen, NJagdG § 9

Befriedete Bezirke sind: Gebäude, Hofräume und Hausgärten, die an ein Gebäude, das zum nicht nur vorübergehenden Aufenthalt von Menschen dient, anschließen und durch eine Umfriedung begrenzt sind, eingefriedete Campingplätze, Kleingärten im Sinne des Bundeskleingartengesetzes, Friedhöfe, alle Grundflächen innerhalb der im Zusammenhang tatsächlich bebauten Ortsteile und Gehege, in denen nicht herrenlose Tiere von Arten, die dem Jagdrecht unterliegen, zur Schau gestellt werden (Schaugehege) oder zur Zucht, zur Fleisch- und Pelzgewinnung, zur Überwinterung, zur Absonderung, zur Forschung oder zu ähnlichen Zwecken gehalten werden (Sondergehege).
Die Jagdbehörde kann zu befriedeten Bezirken erklären: vollständig eingefriedete Grundflächen, die nicht nach Absatz 1 befriedet sind, öffentliche Anlagen, Fischteiche und andere Anlagen zur Fischhaltung oder zur Fischzucht sowie sonstige stehende Gewässer einschließlich der darin gelegenen Inseln, Sportplätze und Golfplätze.

Nordrhein-Westfalen, LJG-NRW § 4

Befriedete Bezirke sind: Gebäude, die zum Aufenthalt von Menschen dienen, und Gebäude, die mit solchen Gebäuden räumlich zusammenhängen; Hofräume und Hausgärten, die unmittelbar an eine Behausung anstoßen und durch irgendeine Umfriedung begrenzt oder sonst vollständig abgeschlossen sind; Friedhöfe; Wildgehege, soweit sie nicht jagdlichen Zwecken dienen; Bundesautobahnen; Kleingartenanlagen gemäß Bundeskleingartengesetz und Dauerkleingärten gemäß Baugesetzbuch. Grundflächen, die gegen das Ein- und Auswechseln von Wild – ausgenommen Federwild, Wildkaninchen und Raubwild – dauernd abgeschlossen sind, sowie öffentliche Anlagen können durch die untere Jagdbehörde ganz oder teilweise zu befriedeten Bezirken erklärt werden.

Rheinland-Pfalz, LJG § 8

Befriedete Bezirke sind: Gebäude, die dem Aufenthalt von Menschen dienen, und Gebäude, die mit solchen Gebäuden räumlich zusammenhängen, Hofräume und Hausgärten, die unmittelbar an eine Behausung anstoßen und durch eine Umfriedung oder sonst erkennbar abgegrenzt sind, Friedhöfe und Bestattungswälder sowie Schaugehege, Sondergehege und Pelztierfarmen.
Ganz oder teilweise befriedet werden können: öffentliche Grundflächen, die durch Einzäunung oder auf andere Weise abgeschlossen und gegen den Zutritt oder Austritt von Wild absperrbar sind, Grundflächen im Gebiet eines Bebauungsplanes oder innerhalb der im Zusammenhang bebauten Ortsteile, Sport- und Golfplätze, öffentliche Parke und Grünflächen, Naturschutzgebiete, Wildschutzgebiete, Wildparke und Wildfarmen sowie künstliche Fischteiche einschließlich der darin gelegenen Inseln und sonstige künstliche Anlagen zur Fischzucht.

Saarland, SJG § 4

Befriedete Bezirke sind: Gebäude, Hofräume und die unmittelbar an eine Behausung anstoßenden und eingefriedeten Hausgärten, Friedhöfe, Zoos und angezeigte Tiergehege, Bundesautobahnen.
Die oberste Jagdbehörde kann auf Antrag des Eigentümers, des Nutzungsberechtigten, der Naturschutzbehörde oder von Amts wegen ganz oder teilweise befrieden: öffentliche Anlagen, Naturschutzgebiete, vollständig eingefriedete Grundflächen, die durch Einzäunung oder auf andere Weise gegen den Zutritt von Menschen abgeschlossen und deren Eingänge absperrbar sind und die keine Einsprünge besitzen, geschlossene Gewässer im Sinne des Fischereirechts einschließlich der darin liegenden Inseln im Einvernehmen mit der unteren Fischereibehörde.

Sachsen, SächsJagdG § 6

Befriedete Bezirke sind: Gebäude, die zum Aufenthalt von Menschen dienen, und Gebäude, die mit solchen Gebäuden räumlich zusammenhängen, Hofräume und Hausgärten, die unmittelbar an eine Behausung im Sinn der Nummer 1 anschließen und durch eine Umfriedung begrenzt sind, sonstige überbaute Flächen im Geltungsbereich eines Bebauungsplans und Flächen innerhalb der im Zusammenhang bebauten Ortsteile, Friedhöfe, Tiergärten.
Darüber hinaus kann die Jagdbehörde für befriedet erklären: sonstige Flächen im Geltungsbereich eines Bebauungsplans, Grundflächen, die gegen das Ein- und Auswechseln von Wild – ausgenommen Federwild, Wildkaninchen und Raubwild – und gegen unbefugten Zutritt von Menschen dauernd abgeschlossen und deren Eingänge absperrbar sind.

Sachsen-Anhalt, LJagdG SA § 6a

Auf Grundflächen, die zu keinem Jagdbezirk gehören, und in befriedeten Bezirken ruht die Jagd. Eine beschränkte Ausübung der Jagd kann gestattet werden. Tiergärten fallen nicht unter die Vorschriften dieses Gesetzes. (Es gilt das Bundesjagdgesetz.)

Schleswig-Holstein, LJagdG § 4

Befriedete Bezirke sind: 1. Gebäude, die zum Aufenthalt von Menschen dienen, und Gebäude, die mit solchen Gebäuden räumlich zusammenhängen, 2. Hofräume und Hausgärten, die unmittelbar an Wohngebäude angrenzen und durch eine Umfriedung begrenzt sind, 3. Friedhöfe, öffentliche Parkanlagen sowie Sport- und Spielplätze, die mit bebauten Bereichen im Zusammenhang stehen, 4. Kleingartenanlagen nach dem Bundeskleingartengesetz vom 28. Februar 1983 (BGBl. I S. 210), zuletzt geändert durch Artikel 11 des Gesetzes vom 19. September 2006 (BGBl. I S. 2146), 5. Tiergehege, 6. Bundesautobahnen, 7. Liegenschaften des Bundesministers der Verteidigung unter 75 ha, die durch eine Umfriedung oder amtliche Schilder begrenzt sind.
(2) Die Jagdbehörde kann auf Antrag der jeweiligen Eigentümerinnen oder Eigentümer oder Nutzungsberechtigten oder von Amts wegen ganz oder teilweise zu befriedeten Bezirken erklären: 1. Grundflächen, die gegen das Ein- und Auswechseln von Schalenwild und gegen den unbefugten Zutritt von Menschen dauerhaft abgesperrt sind, 2. Seen und geschlossene Gewässer im Sinne des Fischereirechts mit ihren Uferstreifen von bis zu 30 m ab der Uferlinie und ihren Inseln.

Thüringen, ThJG § 6

1) Befriedete Bezirke (§ 6 BJG) sind:
1. Gebäude, die zum Aufenthalt von Menschen dienen, und Gebäude, die mit solchen Gebäuden räumlich zusammenhängen; 2. Hofräume und Hausgärten, die unmittelbar an eine Behausung im Sinne der Nummer 1 anschließen und durch eine Umfriedung begrenzt sind; 3. sonstige überbaute Flächen im Geltungsbereich eines Bebauungsplanes und Flächen innerhalb der im Zusammenhang bebauten Ortsteile; 4. Friedhöfe; 5. Tiergärten, Schaugehege, Wildfarmen, Pelztierfarmen.
(2) Darüber hinaus kann die untere Jagdbehörde für befriedet erklären: 1. sonstige Flächen im Geltungsbereich eines Bebauungsplanes mit Ausnahme der in § 9 Abs. 1 Nr. 18 des Baugesetzbuches in der Fassung vom 23. September 2004 (BGBl. I S. 2414) in der jeweils geltenden Fassung genannten Flächen, 2. Grundflächen, die gegen das Ein- oder Auswechseln von Wild – ausgenommen Federwild, Wildkaninchen und Raubwild – und gegen unbefugten Zutritt von Menschen dauernd abgeschlossen und deren Eingänge absperrbar sind.

ÖSTERREICH (RUHEN DER JAGD)

Burgenland LJG § 109

1) Wildschäden in Obst-, Gemüse- und Ziergärten, Baum- und Rebschulen, Christbaumkulturen und Forstgärten, auf denen die Jagd nicht ohnedies gemäß § 20 Abs. 1 und 2 ruht, und an einzelstehenden Bäumen sind nur dann zu ersetzen, wenn erwiesen ist, dass die Besitzerin oder der Besitzer vergeblich solche Vorkehrungen getroffen hat, durch die eine ordentliche Landwirtin oder ein ordentlicher Landwirt derartige Anpflanzungen zu schützen pflegt.
Landwirtschaftliche Kulturen mit einem Rohertrag von mehr als 5.000 Euro/ha – ausgenommen Weingärten – sind Gärten gleichgestellt, sofern nicht ortsüblich = 1 % der landwirtschaftliche Nutzfläche der Katastralgemeinde, mindestens jedoch 10 ha.

Kärnten LJG § 15

(1) Auf Friedhöfen, in Häusern und Gehöften samt den dazugehörigen, durch Umfriedung vollständig abgeschlossenen Höfen und Hausgärten, in unmittelbarer Nähe von nicht derart abgeschlossenen Gebäuden sowie auf öffentlichen Anlagen und industriellen oder gewerblichen Zwecken dienenden Werksanlagen ruht die Jagd.
(2) Auf Antrag des Eigentümers oder des Jagdausübungsberechtigten hat die Bezirksverwaltungsbehörde das Ruhen der Jagd auf Grundstücken zu verfügen, die durch eine feste Umfriedung dauernd umschlossen sind.

Niederösterreich LJG § 17

1) Die Jagd ruht: auf Friedhöfen, in Häusern und Gehöften samt den dazu gehörigen, durch Umfriedung vollständig abgeschlossenen Höfen und Hausgärten, auf Flächen, auf denen Wild im Sinne des § 3a gehalten wird, auf öffentlichen Anlagen.
(2) Die Bezirksverwaltungsbehörde hat ferner das Ruhen der Jagd auf die Dauer der nächstfolgenden Jagdperiode über Antrag des Jagdausübungsberechtigten oder des Eigentümers für solche Grundstücke zu verfügen, die durch eine schalenwilddichte Umfriedung (Gitter, Zaun, Mauer usw.) dauernd derart umschlossen sind, dass der Zutritt fremden Personen ohne Beschädigung oder Übersetzung der Umfriedung auf einem anderen Wege als durch die an der Umfriedung angebrachten schließbaren Türen und Tore unmöglich ist.

Salzburg LJG § 10

(1) Auf Friedhöfen, öffentlichen Anlagen, allgemein zugänglichen Parkanlagen, öffentlichen Straßen und Wegen, Bahnkörpern u. dgl. sowie in der nächsten Umgebung von Ortschaften, von einzelnen bewohnten Häusern und Gehöften sowie Betriebsbauten ruht die Jagd.
(2) Die Jagd ruht ferner auf Grundflächen, die durch eine natürliche oder künstliche ständige Umfriedung (Hecke, Gitter, Mauer u. dgl.) vornehmlich gegen den Zutritt fremder Personen auf anderem Weg als durch angebrachte schließbare Türen und Tore umschlossen sind.

Oberösterreich LJG § 4

Flächen, auf denen die Jagd ruht, sind: Friedhöfe; die der Erholung dienenden öffentlichen Anlagen (Parks); Gebäude; industriellen oder gewerblichen Zwecken dienende Werksanlagen; Höfe und Hausgärten, die durch eine Umfriedung abgeschlossen sind; nicht forstlich genutzte Grundflächen, in die das Eindringen des Haarwildes durch natürliche oder künstliche Umfriedungen verhindert wird; landesübliche Weidezäune gelten nicht als Umfriedungen in diesem Sinne; Einrichtungen und Betriebe, in denen jagdbare Tiere nicht im Zustand der natürlichen Freiheit gehalten werden (wie z. B. Pelztierzuchtanstalten und Fasanerien); Wildgehege (§ 6a) und Tiergärten (§ 6b).

Steiermark LJG § 55

(1) In der nächsten Umgebung von Ortschaften, von Stätten, die der Heilung oder Erholung Kranker und Rekonvaleszenter dienen, von einzelnen Häusern und Scheunen und von Wildquerungseinrichtungen (wie Grünbrücken oder Wilddurchlässe) darf zwar das Wild aufgesucht und getrieben, nicht aber mit Schusswaffen erlegt werden.
(2) Auf Friedhöfen, Eisenbahnstrecken und Gleisanlagen, auf öffentlichen Straßen, in öffentlich zugänglichen Parkanlagen, auf Spiel- und Sportplätzen darf das Wild weder aufgesucht noch getrieben, noch erlegt werden.
(2a) Über begründeten Antrag der Grundeigentümerin/des Grundeigentümers oder der Betreiberin/des Betreibers einer Anlage gemäß Abs. 2, insbesondere wenn Wildschäden die Funktion des Nutzungszweckes gefährden, kann die Behörde zeitlich und örtlich begrenzte Ausnahmen vom Verbot der Jagdausübung auf Flächen nach Abs. 2 unter Vorschreibung von Auflagen, insbesondere die die Sicherheit von Personen gewährleisten, genehmigen.
(3) Auf Grundstücken, welche zu einem Gemeindejagdgebiet gehören und durch eine natürliche oder künstliche, ständige Umfriedung (Hecke, Gitter, Mauer u. dgl.) derart umschlossen sind, dass der Zutritt dritter Personen ohne Verletzung oder Übersetzung der Umfriedung auf keinem anderen Weg als durch die angebrachten schließbaren Türen oder Tore möglich erscheint, ruht die Jagd ...

Tirol LJG § 10

(1) Grundflächen, auf denen die Jagd ruht, sind Friedhöfe, öffentliche Anlagen, wie allgemein zugängliche Parks, öffentliche Straßen und Wege, Bahnkörper und dergleichen, Gebäude, die dem Aufenthalt von Menschen oder Tieren oder gewerblichen Zwecken dienen, und die mit ihnen räumlich Höfe und Hausgärten, die an die vorgenannten Gebäude und Bauwerke anstoßen und durch zusammenhängende Bauwerke oder Umfriedung abgeschlossen sind, Grundflächen, in die das Eindringen des Wildes durch natürliche oder künstliche Umfriedung verhindert wird.

Vorarlberg LJG § 6

(4) Nicht anrechenbar sind geschlossene Siedlungsgebiete (Abs. 5), Gebäude und Betriebsanlagen einschließlich der dazugehörigen Höfe, Hausgärten und Parkplätze sowie Friedhöfe und allgemein zugängliche Parkanlagen u. dgl., Bundes-, Landes- und Gemeindestraßen sowie Eisenbahntrassen, Grundflächen, die so eingezäunt sind, dass Schalenwild nicht eindringen kann, ausgenommen Waldflächen, die zum Schutz gegen Wildschäden vorübergehend eingezäunt sind.

Wien LJG § 9

(1) Das Jagdrecht darf unbeschadet der im § 10 angeführten Ausnahmen nicht ausgeübt werden: a) auf Friedhöfen und Begräbnisstätten, b) in öffentlich zugänglichen Parkanlagen, c) in Häusern und Gehöften samt den dazugehörigen abgeschlossenen Höfen und Hausgärten und d) auf Grundflächen, die einen Bestandteil eines land- und forstwirtschaftlichen Nebenbetriebes, eines gewerblichen oder industriellen Betriebes bilden, wenn diese Zugehörigkeit durch Einfriedung oder durch eine andere sinnfällige Abgrenzung gekennzeichnet ist, e) in Gehegen, in welchen jagdbare Tiere zu Forschungs-, Zucht- oder Schauzwecken gehalten werden, f) auf Grundflächen, die allseitig von verbauten Flächen umgeben sind, wenn nicht in einer Richtung eine freie Schussbahn von mindestens 300 m vorhanden ist.
(2) Auf Antrag des Grundeigentümers hat der Magistrat die Ausübung der Jagd auf sonstigen Grundflächen zu untersagen, wenn diese a) durch eine feste Umfriedung (Gitter, Zaun, Mauer usw.) derart umschlossen sind, dass der Zutritt fremden Personen ohne Beschädigung oder Übersetzung der Umfriedung auf einem anderen Wege als durch die an der Umfriedung angebrachten schließbaren Türen oder Tore unmöglich ist. ... b) vorwiegend der Allgemeinheit zu Erholungszwecken gewidmet sind.

SACHKUNDENACHWEIS FÜR PFLANZENSCHUTZMITTEL IM FORST UND IN DER LANDWIRTSCHAFT

Die Umsetzung von EU-Vorgaben (RL 2009/128 EG) macht es erforderlich, dass beim Kauf und bei der Verwendung (Anwenden und Ausbringen, Lagern, Vorratshaltung und innerbetriebliches Befördern usw.) von Pflanzenschutzmitteln die Sachkunde durch ein eigenes Dokument, den sogenannten Pflanzenschutz-Sachkundeausweis, nachgewiesen wird.
Jeder, der in Österreich beruflich

- Pflanzenschutzmittel anwendet,
- Pflanzenschutzmittel verkauft,
- Nicht-Sachkundige im Rahmen eines Ausbildungsverhältnisses oder einer einfachen Hilfstätigkeit anleitet oder beaufsichtigt oder
- über den Pflanzenschutz berät,

muss seit 26. November 2015 den bundeseinheitlichen Sachkundenachweis (SKN) im Scheckkartenformat vor Aufnahme der jeweiligen Tätigkeit besitzen.

In Deutschland muss der Sachkundenachweis bei der zuständigen Stelle des Bundeslandes erfolgen, in dem der Sach-

kundige wohnhaft ist (beispielsweise bei den Landwirtschaftsämtern oder Berufsverbänden anfragen).
Nicht genug damit: Alle sachkundigen Personen sind verpflichtet, jeweils innerhalb eines Zeitraumes von drei Jahren an einer anerkannten Fortbildungsmaßnahme teilzunehmen.

Auch in Österreich ist „Sachkunde“ erforderlich. Diese kann durch Nachweis einer Ausbildung oder durch einen Grundkurs „Sachkunde im Pflanzenschutz“ nachgewiesen werden. Dieser Ausweis im Scheckkartenformat ist bei der Landwirtschaftskammer des jeweiligen Bundeslandes zu beantragen.

BESTIMMUNG VON SCHADENSVERURSACHERN

Erkennen von Fährten und Spuren

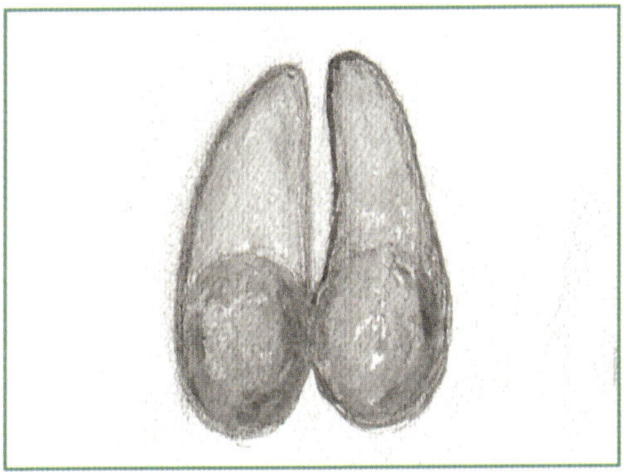

Trittsiegel (Schalenabdruck) vom Rotwild. Länge zwischen 7 cm und 10 cm, Breite zwischen 6,5 cm und 8,5 cm.

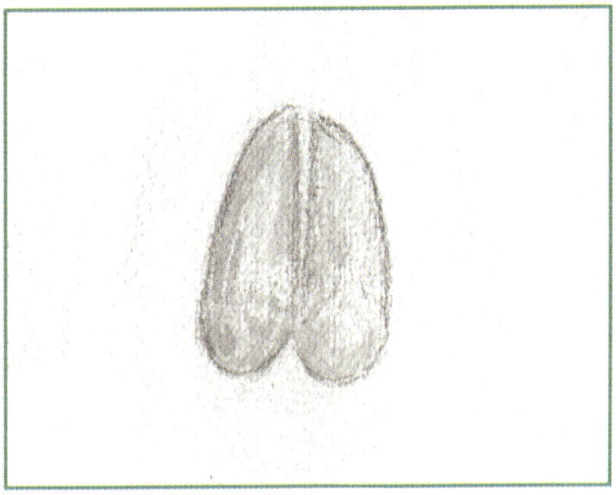

Trittsiegel (Schalenabdruck) vom Reh, etwa halb so groß wie Rotwild.

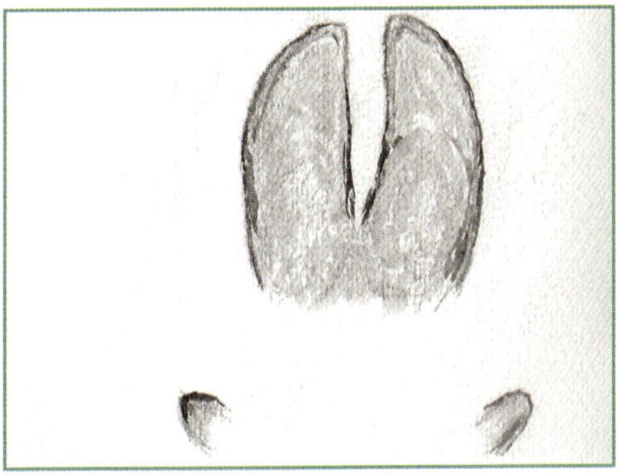

Trittsiegel (Schalenabdruck) vom Wildschwein, bis Rotwildgröße, doch sind die beiden äußeren Zehen (Afterklauen) so tief angesetzt, dass sie sich im Boden abdrücken.

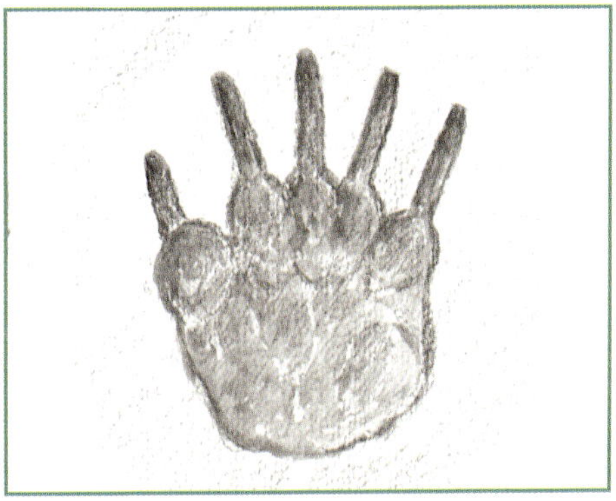

Sohlenabdruck des Dachses, bei dem immer die etwa 2 cm langen Nägel abgebildet sind.

Erkennen von Losung und Gestüber (Kot)

Rotwildlosung besteht im Winter meist aus einzelnen, bis 25 mm langen und maximal 18 mm dicken Kotbeeren.

Rotwildlosung ist im Frühjahr und Sommer oft verklumpt.

Rehwildlosung besteht meist aus losen, bis 14 mm langen und maximal 10 mm dicken Einzelbeeren, die gelegentlich auch verklumpt sind.

Gamslosung ähnelt der Rehlosung. Die genaue Bestimmung ist nicht wichtig, da Schäden beider Arten ersatzpflichtig sind.

Schwarzwildlosung ist je nach Nahrung sehr unterschiedlich und enthält meist erkennbare Fraßreste.

Schwarzwildlosung ist fast immer „wurstförmig“, kann aber auch breiig sein.

Hasenlosung ist kreisrund und flach, gut erkennbare Struktur, Durchmesser 15 bis 20 mm (Wildkaninchen ebenso, aber nur 10 mm).

Fasanengestüber ist walzenförmig, am Ende mit weißem Überzug.

Schwanenkot ist nur wichtig, wo Gänseschäden im Grünland oder Wintergetreide bezahlt werden müssen.

Grauganslosung hat immer einen weißen Überzug.

Fuchslosung ist walzenförmig und spitz zulaufend, Nahrungsreste (Haare, Fruchtschalen, Kerne) sind erkennbar. Sie wird bevorzugt erhöht abgesetzt.

Wolfslosung ist walzenförmig, meist stumpf und enthält Haare und Knochensplitter. Sie entspricht in der Größe etwa dem Kot eines Schäferhundes.

Marderlosung ist walzenförmig gedreht, spitz zulaufend; fast immer sind Fraßreste erkennbar.

Dachslosung wird immer in kleinen, mehrfach benutzten Gruben abgesetzt, die offen bleiben.

Fischotter hinterlassen am Ufer oder auf Steinen im Wasser Fraßreste.

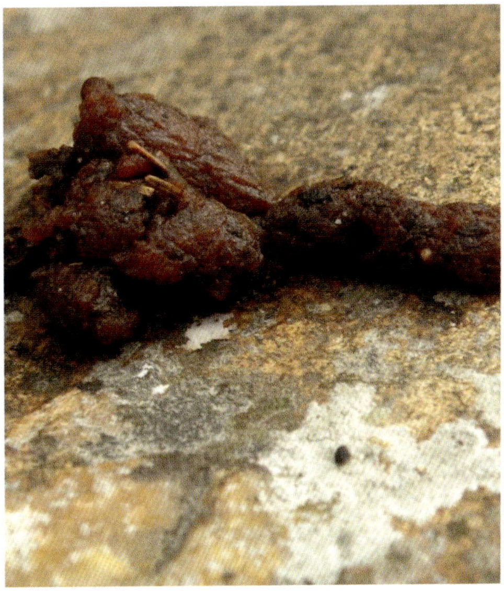

Fischotterlosung enthält meist Reste von Schuppen und Gräten, aber auch Haare und Knochen von Kleinnagern.

Biberlosung besteht aus kurzen, walzenförmigen, hellen Segmenten, in denen manchmal Nahrungsreste wie Getreide enthalten sind.

Braunbärenlosung, meist weich, fladenartig, gelegentlich auch walzenförmig. Sie enthält mehrheitlich pflanzliche Rückstände.

Lange war der Otter nahezu ausgestorben; er ist zurückgekehrt. Für Fischzuchtbetriebe wird er vielerorts zum Problem. „In freier Wildbahn" war er Jahrmillionen ein wichtiger Teil der Gewässerökologie.

Tabelle 19
Art der Schäden nach Tierart

Tierart	Art der Schäden
Rot-, Dam- und Sikawild	Im Wald: Schälschäden hauptsächlich an Fichte, Kiefer, Esche, Buche. Fegeschäden an fast allen Hauptbaumarten außer Eiche. Schlagschäden an allen Baumarten. Verbiss fast aller Baumarten in Naturverjüngung und Pflanzung. Sikahirsche schaden zusätzlich durch Aufritzen glattrindiger Bäume mit dem Geweih. Im Feld: Verbissschäden hauptsächlich an Wintergetreidesaaten. Abäsen der Rispen/Ähren ab der Milchreife hauptsächlich bei Hafer und Weizen; Beäsen von Maiskolben. Trampel- und Lagerschäden. Beäsen von Kartoffeln (Blattwerk und Knollen). Schäden durch Beäsen von Grünland durch Rotwild im Frühjahr (hauptsächlich im Gebirge). Beäsen von Rübenblatt und Rüben (hauptsächlich Rotwild). Beäsen von Raps, Sojabohnen, Erbsen und Sonnenblumen und damit Lagerschäden. In Friedhöfen und Hausgärten: Beäsen von Grabschmuck und Gartenpflanzen gegen Ende des Winters und im zeitigen Frühjahr, jedoch fast nur durch Rotwild im Hochgebirge und bei überhöhten Wildbeständen.
Rehwild	Im Wald: Verbissschäden an den meisten Baumarten, wobei jeweils die örtlichen Minderheiten besonders beliebt sind (Terminal- und Seitentriebverbiss). Fegeschäden besonders an weichen, stark harzenden oder duftenden Hölzern (Minderheiten ebenfalls bevorzugt). Im Feld: Beäsen von Wintergetreidesaaten (meist ohne Bedeutung oder sogar positiv), ebenso Mais ab der Milchreife, Sonnenblumen, Raps, Leguminosen, Kartoffelkraut, Rübenblatt. Beäsen und Fegen von Tabakpflanzen. In Weingärten: Verbiss von Rebpflanzen, besonders im Spätwinter und Frühjahr. In der Erwerbsgärtnerei und in Hausgärten: Starker Verbiss zahlreicher Zierpflanzen (besonders Rosen, Nelken, Stiefmütterchen), Obst (Erdbeeren!) und Gemüsepflanzen (Rote Beete, Endiviensalat, Mangold).
Muffelwild	Im Wald: Schälschäden wie Rotwild. Rammschäden. Verbiss (geringer als Rotwild). Im Feld: Schäden durch Beäsen eher ausnahmsweise bei hoher Muffelwilddichte, dann aber mitunter auch erhebliche Trittschäden.

Tierart	Art der Schäden
Gamswild	Im Wald: Verbissschäden an nahezu allen Laub- und Nadelhölzern. Fegeschäden (Reiben der Krucken), jedoch meist gering, größere Bedeutung fast nur in Hochlagen an Zirben.
Steinwild	Im obersten Waldbereich: Verbiss- und Fegeschäden an Laub- und Nadelhölzern. Im Almbereich: Äsungsschäden im Gras.
Schwarzwild	Im Wald: Schäden durch Hochheben von Kulturzäunen, worauf in diese Rehwild eindringt. Aufnahme von Eicheln und Bucheckern (meist ohne große Bedeutung), Aufbrechen von Pflanz- und Saatreihen auf der Suche nach Insektenlarven, Mäusen und Saatgut. Im Feld: Umbrechen von Dauergrünland auf der Suche nach Mäusen, Würmern, Schnecken und Insektenlarven. Umbrechen junger Getreidesaaten nach Kartoffeln und Mais als Vorfrucht. Verbiss von Hafer, Weizen, Roggen und Mais ab der Milchreife. Trampel- und Lagerschäden (Kesselbau) in Getreide- und Maisfeldern. Ausbrechen von Kartoffeln mit Schwerpunkt Mai bis Juli. Beäsen von Sojabohnen und Erbsen.
Hase	Im Wald: Verbiss junger Laubhölzer, besonders Buche, gelegentlich auch Tanne, Kiefer und Zirbe (Schneehase). Benagen stärkerer Laubhölzer im Winter. Im Feld: Beäsen von Spargel und Tabak. Verbiss von Getreideähren (meist geringgradig). Beäsen von Futter- und Zuckerrüben, Raps, Leguminosen und Sonnenblumen. Beäsen von Gemüsepflanzen und Blumen. Benagen von Obstbäumen und Rebstöcken sowie Verbiss junger Rebpflanzen. Verbiss an jungen Tabakpflanzen.
Kaninchen	Im Wald: Verbiss junger Laub- und Nadelhölzer, insbesondere Kiefer. Schäden durch Untergraben von Kulturzäunen. Nageschäden an Laubhölzern und Kiefern. Im Feld: Beäsen von Gemüseanbauten, Sojabohnen, Erbsen, Gemengen, Wintergetreide, Sonnenblumen, Raps und anderen Zwischenfrüchten. Schäden durch Eindringen in Friedhöfe (Beäsen und Grabtätigkeit) und Hausgärten. Schäden durch Benagen junger Obstbäume, Heckenpflanzungen sowie Rebstöcken. Verbiss an jungen Tabakpflanzen. Grabtätigkeit.

Tierart	Art der Schäden
Murmeltier	Auf Almen: Schäden durch Grabtätigkeit auf der Alm oder unter Alm-/Viehhütten (insgesamt jedoch unbedeutend).
Biber	Im ufernahen Auwald: Benagen und Fällen von Weichhölzern. Schäden durch Dammbauten und Wasseranstau. Im Uferbereich: Unterhöhlen von Ufern (Einbruch- und Abschwemmgefahr). Im unmittelbar angrenzenden Feld: Beäsen von Rübenpflanzen und Kartoffeln. Bau von Erdröhren (Einbruchgefahr für Traktoren). Anstau und Ausbau von Entwässerungsgräben, mit folgender Vernässung angrenzender Flächen.
Nutria	Im Feld: Fraß an Rüben und Gemüsepflanzen.
Eichhörnchen	Im Feld: Fraß an Maiskolben (vereinzelt). Im Wald: Knospenfraß, besonders an Nadelhölzern, Aufnahme von Waldsämereien.
Bär	An landwirtschaftlichen Gütern: Reißen von Weide- und Haustieren, insbesondere Rinder, Schafe und Hauskaninchen. Plündern von Bienenstöcken und Abfischen von kleinen Teichen (Öffnen der Ablasse). Aufnahme von Haferähren ab der Milchreife, ebenso Maiskolben (zusätzlich Trampelschäden) sowie von Obst (Zwetschgen, Birnen, Trauben u. a.).
Luchs	An landwirtschaftlichen Gütern: Reißen von Weidetieren, hauptsächlich Schafe (insgesamt ohne große Bedeutung).
Fuchs	An Haustieren: Reißen von Geflügel (Gänse, Enten Hühner), gelegentlich Hauskaninchen.
Marderhund	An Haustieren: Reißen von Hausenten und anderem Geflügel sowie gelegentlich Kaninchen, meist in Gewässernähe.
Steinmarder	An Haustieren: Einbrüche in Geflügelställe auf der Suche nach Eiern, dabei gelegentlich Panikreaktionen durch flatterndes Geflügel, wobei mitunter eine größere Zahl von Hühnern getötet wird.
Fischotter	An Fischteichen: Regelmäßige Besuche und Erbeuten von Zuchtfischen, an natürlichen Gewässern ohne große Bedeutung.
Waschbär	Im Feld: Beäsen von milchreifem Hafer und Mais sowie Kirschen und anderes Obst (meist unbedeutend).
Bisam	Im Feld: Beäsen von Gemüsepflanzen in Gewässernähe.

Tierart	Art der Schäden
Siebenschläfer	In Obstgärten: Fraß an Äpfeln, Birnen und Beerenobst.
Fasan	Im Feld: Beäsen von Maissaaten (bis 10 cm), Getreidesaaten und Feldgemüse in den ersten drei Wochen, Keimlinge und Jungpflanzen der Rüben. Beäsen junger Rübenblätter und Gemüsepflanzen. Beäsen von Maiskolben, Weintrauben, Kohlarten (besonders Wirsing- und Rosenkohl), Salat, Spinat. Schäden an jungen Tabakpflanzen durch Picken und Freilegen der Wurzeln.
Rebhuhn	Im Feld: Beäsen junger Gemüsepflanzen.
Wildtaube	Im Feld: Beäsen von Erbsen-, Getreide- und Maissaaten. Beäsen von reifem Lagergetreide sowie Gemüsepflanzen (zusätzlich Schäden durch Verschmutzung), Raps, Rüben, Erbsen, Leguminosen-Gemenge. Im Spätwinter und Frühjahr Knospenverbiss an Obstbäumen.
Wildente	Im Feld: Beäsen von reifem Lagergetreide, gelegentlich Schäden im Salat (insgesamt bedeutungslos).
Wildgans	Im Feld: Beäsen von Dauergrünland, Raps und Wintergetreide, gelegentlich auch Gemüse.
Schwan	Im gewässernahen Feld: Beäsen von Dauergrünland (einhergehend starke Verschmutzung) und Getreidesaaten.
Graureiher	An Fischteichen: Fang kleinerer Fische bis 15 cm (max. 30 cm) vom Ufer aus oder im Seichtwasser bis maximal 50 cm Tiefe stehend.
Kormoran	An Fischteichen: Fang von Fischen bis 300 g (max. 900 g)
Eisvogel	An Fischteichen: Fang von Brutfischen bis maximal 6 cm von einer Sitzwarte aus, hat aber selbst an Zuchtanstalten keine nennenswerte Bedeutung.
Kolkrabe	An Haustieren: gelegentlich Angriffe auf junge Lämmer.
Raben-/ Saatkrähe	Im Feld: Herausziehen junger Getreide-, Gemüse- und Maispflanzen. Pickschäden an Kohl sowie Schäden durch Einstiche in Kohlköpfe mit den Krallen. Herauspicken von Maiskörnern aus den Kolben. Beschädigen von Siloplanen. In Weinbergen: Fressen von Spätlese-Trauben (hauptsächlich Saatkrähe). An Haustieren: Erbeuten von Enten- und Hühnerküken (hauptsächlich Raben- und Nebelkrähen).

Tierart	Art der Schäden
Elster	An Haustieren: Erbeuten von Enten- und Hühnerküken.
Eichelhäher	Im Feld: Herauspicken von Maiskörnern aus den Kolben. Schäden im Obstbau durch Fressen und Anpicken von Kirschen.
Habicht	An Haustieren: Schlagen von Haushühnern, gelegentlich Tauben und kleinem Ziergeflügel bis Fasanengröße.
Steinadler	An Weidetieren: Schlagen junger Lämmer.
Amsel, Drossel, Star	In Weingärten: Fressen reifer Trauben. In Obstgärten: Fressen und Anpicken von Kirschen, gelegentlich aber auch Äpfeln und anderen Obstsorten.
Finkenvögel (Gimpel, Grünling, Kernbeißer u. a.)	In Obstbäumen: Knospenverbiss im Spätwinter und Frühjahr sowie Anpicken von Kirschen, gelegentlich auch andere Obstsorten.
Kreuzschnabel	In Obstbäumen: Kreuzschnäbel sind gelegentlich an den Kerngehäusen von Äpfeln und Birnen interessiert, das Fruchtfleisch wird jedoch nur abgebissen, nicht gefressen.

Im freien Weidebetrieb des Alpenraums sorgt der Bär immer wieder für Ärger bei den Landwirten. Für den Menschen stellt er keine nennenswerte Gefahr dar. In anderen Teilen Europas belebt er in strukturschwachen Gebieten den Fremdenverkehr.

Biberschäden sind in der freien Landschaft mit technischen Maßnahmen wie Stauregelung in den Griff zu bekommen. Nicht eindeutig geklärt ist die Haftungsfrage der Grundeigentümer. Angenagte, aber noch stehende Bäume können vor allem im urbanen oder Erholungsbereich eine Gefahr darstellen.

Dem Schalenwild wird der Luchs nicht ernsthaft gefährlich. Was er erbeutet, liegt selbst beim Rehwild in der Regel unterhalb der natürlichen Sterblichkeit und der Verkehrsverluste. Probleme kann es bei der landwirtschaftlichen Gatterhaltung (Fleischproduktionsgatter) von Rot- und Damwild geben.

In der freien Landschaft spielen Waschbären als Schadensverursacher keine große Rolle, anders in urbanen Bereichen (wo der Jäger in der Regel nicht schadenersatzpflichtig ist). Abwehrmaßnahmen sind schwierig.

Der Wolf ist zurückgekehrt. Und er wird tun, was er tun muss: fressen! Dass der Jäger für Wolfs-Schäden Ersatz leisten muss, ist eher nicht zu erwarten, es sei denn, der Wolf wird jagdbares Wild und erhält eine reguläre Jagdzeit.

QUELLENVERZEICHNIS

http://www.fibl.org/de/oesterreich/standort-at.html – Wildschäden im Gemüsebau.

http://www.fischerei-niedersachsen.de/fileadmin/bilder/Aktuell/Final-Merkblatt___Fischotter_Schutzzaeune_20150924.pdf – Zäunung von Fischteichen.

http://www.forstjagddialog.at/fileadmin/redakteure/Uploads/000000000_6_Wildschadensregelung_Bundeslaender.pdf – Wildschadensregelung in den Bundesländern.

https://www.jagdverband.de/content/wirkungsmechanismus-von-wildwarnreflektoren-weiterhin-unklar – Wirkung von Wildwarnreflektoren.

http://www.lwk-rlp.de – Rechtliche Grundlagen und das Verfahren beim Wildschadenersatz.

http://www.vitipendium.de/Wildschäden – Wildschäden im Weinbau und Abwehrmaßnahmen.

www.lvwo-bw.de – Staatliche Lehr- und Versuchsanstalt für Wein- und Obstbau Weinsberg.

DIEKMANN, MARLENE; 1983: Einfluss von Wildverbiss auf den Ertrag verschiedener landwirtschaftlicher Kulturpflanzen – Ergebnisse von Verbiss-Simulationsversuchen, Zeitschrift für Jagdwissenschaft Band 29, Verlag Paul Parey, Hamburg.

EIBERLE, K.; 1978: Folgewirkungen eines simulierten Wildverbisses auf die Entwicklung junger Waldbäume, Schweizerische Zeitschrift für Forstwesen 9/78.

GRUB, HEINER; PETRAK, MICHAEL; SUCHANT, RUDI; 1996: Wildschäden am Wald, aid, Bonn.

HESPELER, BRUNO; 1992: Wildschäden heute, BLV Verlag, München.

KELLER, THOMAS; 1996: Maßnahmen zur Abwehr von Kormoranen – Eine Übersicht, Ornithologischer Anzeiger 35, Seite 13–23.

KLANSEK, ERICH; 1994: Maus gegen Hase – wie man Nageschäden unterscheidet, Österreichs Weidwerk, Wien.

LAIBLIN, W.-D.; 2004: Wildschaden im Spargel – Gemeinde zahlt 5 800 Euro, top agrar 9/2004, Landwirtschaftsverlag GmbH, Münster.

MOLINARI, PAOLO; BREITENMOSER, URS; MOLINARI-JOBIN, ANJA; GIACOMETTI, MARCO; 2000: Raubtiere am Werk – Handbuch zur Bestimmung von Grossraubtierrissen und anderen Nachweisen, Eigenverlag Paolo Molinari, Tarvisio.

OCHSSNER, TIM; 2009: Was ist denn da passiert?, Deutsches Weinmagazin 25/26, Dezember 2009.

UECKERMANN, ERHARD; 1981: Die Wildschadenverhütung in Wald und Feld, Verlag Paul Parey, Hamburg.

FOTONACHWEIS

Alexander Ahrenhold: S. 31

AKO-Agrartechnik GmbH & Co.KG/ Elisabeth Richter: S. 35, 145

Milos Andera: S. 187.1

Karl Bleyer, LVWO Weinsberg: S. 121.1, 121.2, 121.3

Jiri Bohdal: S. 72.1, 162.1, 186.1, 187.2

Steffen Eissler: S. 56

Gerhard Elsner, Nordwestdeutsche Forstliche Versuchsanstalt: S. 77.3

Erich Klansek: S. 94.1, 94.2, 99.1, 107.2, 107.3

Andreas Kranz: S. 154.1, 154.2, 154.3

Jaroslav Maly: S. 180.3

Paolo Molinari: S. 146, 186.2

Claudia Schäfer-Rudolf: S. 77.2

Jan Sevcik: S. 32

Sergio Taiana, JG Glattfelden: S. 105

Karl-Heinz Volkmar: S. 93, 141

Michael Weiss: S. 18, 161.1

Jakob Zmölnig: S. 24, 60.1, 60.2, 72.2

Alle übrigen Fotos wurden freundlicherweise vom Autor Bruno Hespeler zur Verfügung gestellt.

Aus unserem Programm

ISBN: 978-3-7020-1327-1

Aus unserem Programm

ISBN 978-3-7020-1791-0

Aus unserem Programm

ISBN 978-3-7020-1555-8